Ein WAS IST WAS Buch

W0215845

Mechanik

Von Dr. Jerome Notkin
und Sidney Gulkin

Illustriert von Anne-Lies Ihme und Gerd Werner

Schlepper ziehen eine Bohrplattform zu ihrem Einsatzpunkt in der Nordsee. Dort wird sie auf dem Meeresgrund verankert und soll Öl bohren. Die 348 000 t schwere Stahlkonstruktion mißt vom Meeresgrund bis zur Spitze des Bohrturms 243 m, das Deck ist etwa so groß wie ein Fußballfeld.

Tessloff Verlag

Vorwort

Wenn ein Vorgang „mechanisch" abläuft, so meinen wir, daß es dabei ohne eigene Anstrengung zugeht, sozusagen automatisch und beliebig wiederholbar. Tatsächlich läßt angewendete Mechanik viele Arbeiten mit geringerer, manchmal fast ohne Mühe vonstatten gehen. Ein alltägliches Bild: Ein Arbeiter stemmt mit einem Preßlufthammer die Straßendecke auf; eine gezügelte Kraft treibt hämmernd einen Meißel in die zähe Asphaltdecke. Meißel sind Werkzeuge, die der Mensch seit Urzeiten benutzt. Aber die Energie, die hier den Preßlufthammer treibt, die komprimierte Luft, die er für sich arbeiten läßt und die seine Muskelkraft tausendmal übersteigt, sie lernte der Mensch erst in jüngster Zeit in seinen Dienst zu stellen. Es ist eine Eigenschaft der Luft, die hier genutzt wird.

Unsere ganze moderne Technik beruht auf den angewandten Erkenntnissen der Mechanik. Mechanik ist die Wissenschaft von den festen, flüssigen und gasförmigen Körpern, von der Materie und ihren Bewegungsgesetzen.

Seit Urtagen zeigt der Mensch eine eigenwillige Strebung – den Willen, hinter das Gesetz der Dinge zu kommen, um sich ihre Energien und Kräfte dienstbar zu machen. Es fing alles sehr einfach an, mit Faustkeil, Speerspitze, Hebel, Rad und Rolle. Anfangs trieb ihn die Not, der Zwang, sich in der unwirtlichen Natur behaupten zu müssen. Als er aber begann, mit wissenschaftlichen Methoden zu forschen, erschlossen sich ihm die gewaltigen Energien, die überall in der Natur vorhanden sind. Der Mensch gewann die Möglichkeit, die Naturkräfte zu beherrschen.

Dies WAS IST WAS-Buch soll den jungen Leser in das weite Gebiet der Mechanik einführen, deren Kenntnis auch heute noch die Voraussetzung für jeden technischen Fortschritt bildet.

WAS IST WAS, Band 46

Dieses Buch ist auf chlorfrei gebleichtem Papier gedruckt.

ISBN 3-7886-2860-X

Weitere Titel
siehe letzte Seite.

Inhalt

Die Nordschleife der Berliner Autoschnellstraße AVUS bei Nacht. Ohne die Gesetze der Mechanik und ih gebaut werden können noch die Autos, die auf ihr fahren. Selbst die Kamera, die dieses eindrucksvolle Bild macht

Grundbegriffe der Mechanik

Was ist Mechanik?

Wer das Wort „Mechanik" im alltäglichen Sprachgebrauch verwendet, denkt dabei in der Regel an Maschinen, Maschinenteile, Vorrichtungen für Apparate und Geräte und die Art, wie sie funktionieren.
Für die Wissenschaft hat das Wort „Mechanik" eine weit umfassendere Bedeutung. Die Mechanik ist der älteste Zweig der Physik. Schon im Altertum, Jahrhunderte vor unserer Zeitrechnung, befaßten sich griechische Philosophen mit der wissenschaftlichen Mechanik.
Die Mechanik untersucht die Bewegungen aller festen, flüssigen und gasförmigen Körper und die Kräfte, die diese Bewegungen verursachen.
Wenden wir uns zunächst überschaubaren Bereichen unseres täglichen Lebens zu und lernen die Grundbegriffe der Mechanik kennen und die Wirkungsweise der einfachen Maschinen.

nwendung in der modernen Technik hätten weder die AVUS äre ohne Mechanik undenkbar.

Was ist Arbeit?

In einem Zirkus versucht ein Clown, einen Stuhl vom Fußboden aufzuheben. Ein anderer Clown hat aber den Stuhl am Boden festgenagelt. Der erste Clown müht sich, den Stuhl hochzuheben, er wird vor Anstrengung ganz rot im Gesicht, aber der Stuhl rührt sich nicht vom Fleck.
Leistet dieser Clown Arbeit?
Dann kommt der andere Clown in die Arena. Er nimmt eine Feder vom Stuhl und bläst sie in die Luft.
Leistet der zweite Clown Arbeit?
Die richtige Antwort auf die erste Frage lautet „nein", auf die zweite Frage „ja". Der erste Clown hat sich zwar angestrengt, aber vergeblich – er hat keine Arbeit geleistet. Die leichte Bemühung des zweiten Clowns aber hatte ein Ergebnis: Die Feder wurde von einem Ort an einen anderen bewegt.
Arbeit wird geleistet – so sagen Techniker und Naturwissenschaftler –, wenn durch einen Druck oder Zug etwas, das Gewicht hat, auf einer Strecke (einem Weg) bewegt wird. Arbeit kann aber auch darin bestehen, daß Druck oder Zug einem sich bewegenden Gegenstand entgegenwirkt.
Der Druck oder Zug wird *Kraft* genannt; das Gewicht heißt *Last.* Diese drei Begriffe müssen wir uns merken. Wir werden sie noch oft gebrauchen.

Wie wird Arbeit gemessen?

Wer einen Garten umgegraben hat, wird nachher vielleicht sagen: „Jetzt habe ich eine Menge getan!" Ein Techniker, der mit Maschinen zu tun hat, braucht genaue Maßangaben; er wird nicht sagen: „Diese Maschine arbeitet viel", sondern etwa: „Sie leistet zehn *Meterkilogramm* Arbeit." Das ist ein Begriff, den wir in der Alltagssprache nicht gebrauchen. Für den Fachmann ist das Meterkilogramm (mkg) eine Maßeinheit für Arbeit, die er damit sehr einfach messen kann. Er multipliziert die aufgewendete Kraft mit der Entfernung, über die sie wirkt. Ein Meterkilogramm wird geleistet, wenn eine Kraft von einem Kilogramm über eine Entfernung von einem Meter wirkt. Wird zum Beispiel ein Gewicht von 5 kg 2 Meter hochgehoben, so wird dabei eine Arbeit von 10 mkg geleistet ($5 \cdot 2 = 10$).

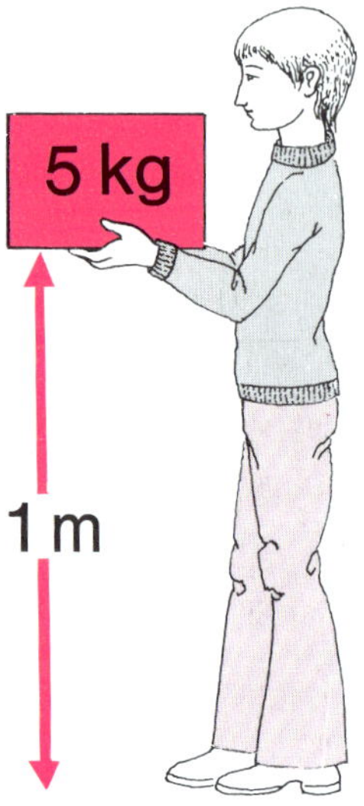

Wenn man fünf Kilogramm einen Meter hebt, hat man eine Arbeit von fünf Meterkilogramm, abgekürzt m/kg, geleistet.

Nun ist es natürlich nicht gleichgültig, in welcher Zeit eine Arbeit geleistet wird. Braucht eine Maschine für die Arbeitsleistung von 10 Meterkilogramm eine Zeit von 10 Sekunden, so hat sie in jeder Sekunde eine Leistung von 1 Meterkilogramm gezeigt. Die Arbeitsleistung wird je Sekunde berechnet, und man schreibt diese Maßeinheit der Kraft so: mkg/s. Wir errechnen die Arbeitsleistung der Maschine, indem wir die Kraft mit dem Weg multiplizieren und dann durch die Anzahl der Sekunden teilen: $5 \cdot 2 : 10 = 1$ mkg/s. Weil dieses Maß verhältnismäßig klein ist, verwendet man in der Technik eine größere Maßeinheit. Bis zum Jahr 1978 wurde die Arbeitsleistung vieler Maschinen, zum Beispiel eines Automotors, in Pferdestärken (PS) angegeben. Ein PS ist die Leistung einer Maschine, die in einer Sekunde 75 kg einen Meter oder ein Kilogramm 75 m hebt. Die Leistung des elektrischen Stroms wird zu Ehren des großen englischen Erfinders James Watt (1736 bis 1819) in Watt (W) gemessen. 1000 W sind ein Kilowatt (kW), ein Kilowatt entspricht 1,36 PS. Da die Elektrizität heute immer größere Bedeutung gewinnt, wird seit dem 1. Januar 1978 auch die Leistung von Kraftmaschinen in allen Ländern der Europäischen Gemeinschaft (EG) nicht mehr in PS, sondern in kW angegeben.

Was ist Arbeitsleistung?

Man sollte annehmen, daß eine Maschine so viel Arbeit leistet, wie es der zugeführten Energie entspricht. Das ist aber nicht so. Ein Teil der zugeführten Energie geht durch *Reibung* verloren, so daß keine Maschine so viel Arbeit leisten kann, wie es rechnerisch der zugeführten Energiemenge entspräche.
Man spricht hier vom *Wirkungsgrad* einer Maschine, dem Verhältnis der abgegebenen Leistung zur zugeführten Energie.

Was ist der Wirkungsgrad?

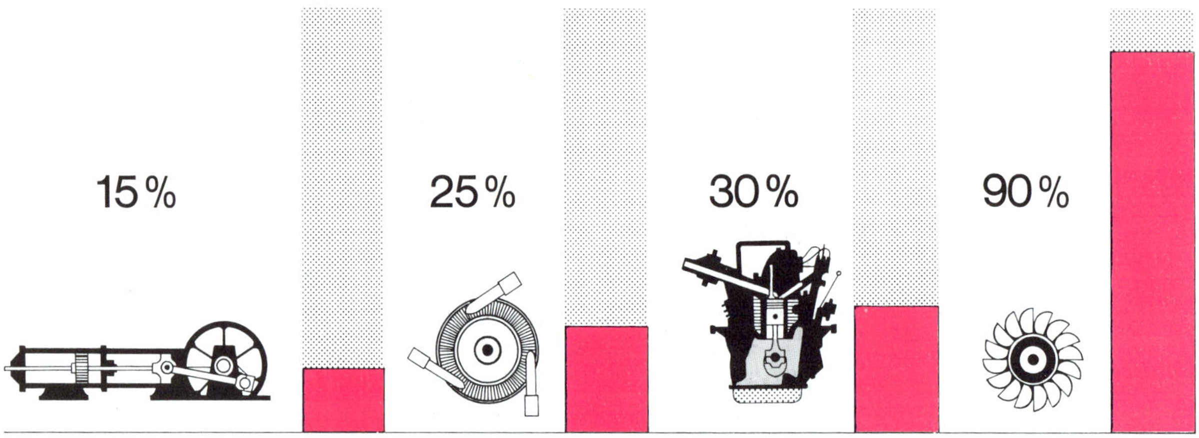

Wärmeverlust und Reibungswiderstand senken den Wirkungsgrad der Kolbendampfmaschine auf 15 %. Effektiver arbeiten Dampfturbine (25 %), Verbrennungsmotor (30 %) und Wasserturbine (90 %).

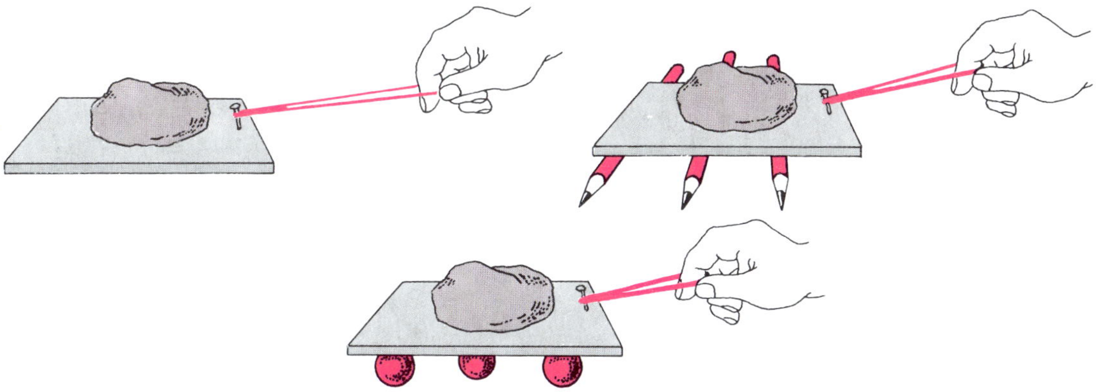

Experiment: Wie kann man Reibung verringern?

In ein kleines Brett schlagen wir an einer Seite einen Nagel und legen einen Gummiring um den Nagel. Wir beschweren das Brett mit einem Stein oder einem anderen schweren kleinen Gegenstand und ziehen nun vorsichtig am Gummiring. Zunächst dehnt sich der Gummiring nur, dann setzt sich das Brett mit dem Gewicht in Bewegung. Wir messen jetzt die Länge des gedehnten Gummiringes.
Nun kommt der zweite Teil des Versuchs. Dazu legen wir drei runde Bleistifte unter das Brett und ziehen wieder am Gummiring. Wir stellen fest, daß wir jetzt weniger Kraft brauchen, um das Brett zu bewegen. Der Gummiring dehnt sich nicht so stark wie vorher.
Zum dritten Teil des Versuchs legen wir an Stelle der Bleistifte einige gleich große Murmeln oder andere Kugeln unter das Brett. Wenn wir jetzt am Gummiring ziehen, läßt sich das Brett noch leichter bewegen. Der Gummiring wird noch weniger gedehnt.
Wir haben festgestellt, daß ein rollender Gegenstand eine geringere Reibung erzeugt als ein gleitender oder rutschender. Weiterhin haben wir bemerkt, daß bei Kugeln eine geringere Reibung auftritt als bei Rollen (Bleistifte). Diese Erfahrung macht man sich in der Technik zunutze; man verwandelt die gleitende in eine rollende Bewegung. Dazu dient auch das Kugellager. Kugellager werden besonders dort verwendet, wo sich eine Achse in einem Lager drehen soll.

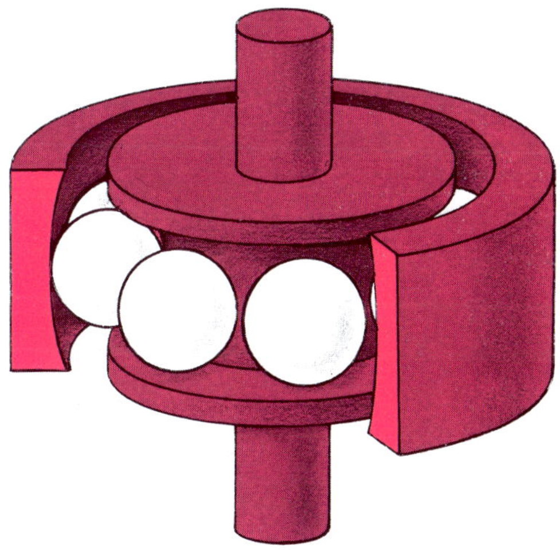

Was bewirken Trägheit und Reibung?

Wer einmal beobachtet hat, wie Leute versuchen, ein stehendes Auto anzuschieben, wird bemerkt haben, wie schwierig das ist. Es ist viel schwerer, ein stehendes Auto in Bewegung zu setzen als ein rollendes weiterzubewegen. Dieses Verhalten beruht auf einem physikalischen Gesetz: Jeder Körper widersteht einer Änderung der Größe oder Richtung seiner Geschwindigkeit. Die Wissenschaftler nennen diese Eigenschaft *Trägheit.* Auch wenn ein rollendes Auto dazu gebracht werden soll, stillzustehen, muß Trägheit überwunden werden. Man kann sagen: Arbeit besteht darin, Trägheit zu überwinden.
Kommen wir noch einmal auf das stehende Auto zurück. Wenn der Fah-

rer die Bremsen angezogen hat, wird man das Auto nicht anschieben können. Das liegt an der Reibung zwischen den Bremsbacken und den Bremstrommeln der Räder.

Ziehen wir im Winter einen beladenen Schlitten über verschneite Straßen, so gleitet er leicht dahin. An Stellen aber, wo kein Schnee liegt, läßt sich der Schlitten nur schwer bewegen. Das hängt ebenfalls mit der Reibung zusammen. Auf Schnee gleiten die Schlittenkufen viel leichter als auf Sand oder Stein.

Wir stellen fest: Um Arbeit zu leisten, muß neben der Trägheit der Körper auch die Reibung überwunden werden.

Was ist Energie, und was ist Kraft?

Wenn wir von einem Menschen sagen, er habe Energie, dann meinen wir damit, daß er fähig ist, etwas zu leisten. Das ist genau das, was auch in der Technik unter *Energie* verstanden wird: die Fähigkeit oder das Leistungsvermögen, etwas zu tun, eine Arbeit zu leisten oder Wärme abzugeben. Es gibt viele Formen der Energie. Die Wärme ist eine davon, außerdem gibt es elektrische, mechanische, chemische Energie und noch andere Formen.

Wenn Energie angewendet wird, um Arbeit zu leisten, wird sie zur *Kraft*. Die Energie ist also die Kraftquelle, die für jede Arbeit erforderlich ist. Die Kraft wird gebraucht, um einen Körper, der sich in Ruhe befindet, zu bewegen oder um einen sich bewegenden Körper zu stoppen oder seine Bewegungsrichtung zu ändern oder um einen sich bewegenden Körper zu beschleunigen oder zu verlangsamen, also seine Geschwindigkeit zu ändern.

In der Technik benutzte man bisher als Einheit der Kraft das *Kilopond,* abgekürzt *kp*. Das ist die Gewichtskraft eines Kilogramms. Seit 1978 wird die Kraft jedoch in *Newton,* Zeichen *N,* gemessen. Ein kp entspricht 9,8 N.

Um die Verkehrssicherheit zu prüfen, führen Automobilfabriken „crash tests“ (geplante Zusammenstöße) durch, bei denen an lebensgroßen Puppen die Folgen der Zusammenstöße auf etwaige Insassen untersucht werden. Die Verformung der Autos und die Verletzungen der Insassen bei simulierten oder echten Zusammenstößen sind Folgen der Trägheit: Das Fahrzeug hat die Tendenz, seine Bewegung auch nach dem Zusammenprall fortzusetzen; dadurch verformt es sich. Nicht angeschnallte Insassen werden nach vorn, zum Beispiel gegen die Windschutzscheibe geschleudert und verletzen sich.

Auch diese US-Rakete, die gerade zum Mond startet, besteht im Prinzip aus einer großen Anzahl kombinierter einfacher Maschinen, die elektronisch oder von Hand gesteuert werden.

Einfache Maschinen

Was ist eine Maschine?

In einer Ausstellung wurde einmal eine Apparatur gezeigt, in der sich viele Räder drehten und bewegten. Der Erfinder wurde gefragt, welchen Zweck dieser hochkomplizierte Apparat habe. Er antwortete: „Gar keinen! Es sind nur tausend Teile, die sich bewegen!" War dieser Apparat eine Maschine?

Nein! Unter einer Maschine verstehen wir eine Vorrichtung, ein Gerät oder Werkzeug, das bei Anwendung von Energie 1. eine Arbeit erleichtert oder 2. die Richtung der Kraft ändert oder 3. die Geschwindigkeit ändert, mit der die Arbeit geleistet wird.

Maschinen werden gebraucht, um Arbeit zu leisten!

Der Apparat mit den tausend sich bewegenden Teilen ist keine wirkliche Maschine, weil er keine Arbeit leistet. Wir verwenden Maschinen, durch die wir einen Zugewinn an *Kraft* erlangen; das heißt, wir überwinden einen Widerstand mit geringerem Kraftaufwand. Andere Maschinen befähigen uns, einen Widerstand schneller zu überwinden; sie ergeben einen Zeitgewinn.

Seit wann gibt es Maschinen?

Ohne Maschinen ist unser Leben nicht mehr vorstellbar. Das Wasser zum Trinken und Waschen wird maschinell aus der Erde gepumpt, gereinigt und durch Leitungen gepreßt. Ohne Maschinen gäbe es keinen elektrischen Strom, kein Gas, und auch die Kohle wäre ohne Maschinen nicht in

ausreichender Menge zu haben; wir hätten ohne maschinelle Hilfe auch nicht genug Möbel und Kleider.
Schon die ersten Menschen benutzten Knochen, Holz und Steine als Werkzeuge. Im Laufe vieler Jahrtausende lernten sie, das in der Natur gefundene Material zu bearbeiten. Mit Steinäxten, Harpunen und scharfkantigen Steinmessern konnten sie die Reichweite ihrer Arme verlängern oder ihre Kräfte wirkungsvoller anwenden. Als Maschine kann man also jedes Gerät bezeichnen, das die menschliche Kraft erweitert oder verfeinert. In diesem weitesten Sinne haben schon die Steinzeitmenschen einige einfache Maschinen verwendet. Aber auch in fast allen modernen, komplizierten Maschinen lassen sich die Grundformen finden, die wir als *einfache Maschinen* bezeichnen. Die sechs einfachen Maschinen sind: der Hebel, die schiefe Ebene, der Keil, die Schraube, das Rad mit Achse und die Rolle.

Der Hebel

Wodurch erleichtert der Hebel die Arbeit?

Stellen wir uns folgendes vor: Vor Zehntausenden von Jahren, als die Menschen noch in Höhlen lebten, versuchte ein kräftiger Mann, den Eingang zu seiner Höhle mit Hilfe eines großen Felsbrockens zu sichern. Er war ein starker Mann, aber doch nicht stark genug, um den großen Stein bewegen zu können. Er nahm nun einen langen, starken Ast, legte kurz vor dem Ende des Astes einen kleineren Stein darunter und schob das Ende unter den Felsbrocken. Dann drückte er das andere Ende des Astes herunter, und siehe – der große Stein bewegte sich.
Man kann sich vorstellen, welche Freude, welchen Stolz dieser Mann empfand, als es ihm gelang, den gro-

Der vorgeschichtliche Mensch, der als erster auf die Idee kam, einen schweren Stein mit Hilfe eines leichteren Steines und eines Astes zu bewegen, ist der Erfinder des Hebels, einer der sechs einfachen Maschinen, auf denen die moderne Technik weitgehend beruht.

ßen Felsbrocken zu bewegen. Er wußte nicht, daß er eine Maschine erfunden hatte, die wir *Hebel* nennen. Durch Ausprobieren stellte der vorgeschichtliche Mensch fest, daß er ein um so größeres Gewicht heben konnte, je länger der Hebel war.
Der kleine Stein, auf den der Mann den Ast legte, diente als *Drehpunkt* des Hebels. Der Hebelarm, an dem die Kraft angreift, ist der *Kraftarm;* der Hebelarm, auf dem die Last liegt, wird *Lastarm* genannt.
Jedes Kind lernt die Wirkung des Hebels beim Spielen kennen – als Wippe! Je weiter entfernt vom Drehpunkt wir uns auf die Wippe setzen, um so schwerer kann unser Partner auf der anderen Seite der Wippe sein.
Der Hebel braucht nicht immer gerade zu sein wie die Wippe oder wie der Ast des Höhlenmenschen. Manchmal ist der Hebel gebogen. Ein Zimmermannshammer zum Beispiel stellt einen gebogenen *Winkelhebel* dar. Wenn man damit einen Nagel herauszieht, dient die gekrümmte Oberseite des Hammers als Drehpunkt. Wenn wir am Stielende ziehen, läßt sich der Nagel ohne große Anstrengung herausziehen.

Was ist das Hebelgesetz?

Schon der Mensch der Vorgeschichte gebrauchte den Hebel, um sich die Arbeit zu erleichtern. Aber erst um 240 v. Chr. entdeckte der Grieche Archimedes das *Hebelgesetz.* Archimedes war Mathematiker und Mechaniker; er war überzeugt, daß alle Materie in der Natur bestimmbaren Gesetzen unterworfen ist, die man finden und berechnen kann.
Archimedes maß und rechnete. Und er fand: Je schwerer die Last auf dem Lastarm ist, desto länger muß der Kraftarm sein, auf den die geringere Kraft einwirkt. Beträgt zum Beispiel das Gewicht einer Last 5 Kilogramm

Der Junge sitzt nur 100 cm, das Mädchen dagegen 150 cm vom Drehpunkt, also vom Auflagepunkt der Wippe entfernt. Dennoch schnellt das Mädchen nach oben. Warum? Der Junge wiegt 50 kg, das Mädchen nur 30 kg. 100 (cm) mal 50 (kg) gleich 5000 ist aber mehr als 150 (cm) mal 30 (kg) gleich 4500. Dem Hebelgesetz folgend wippt das Mädchen also nach oben.

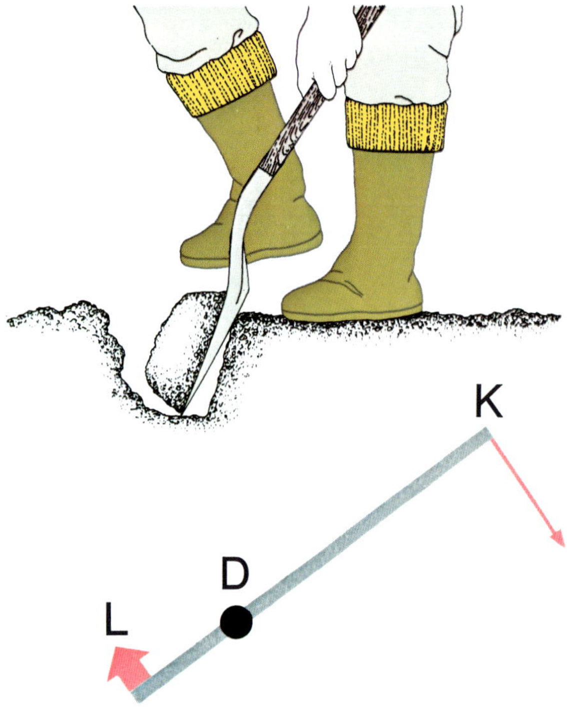

Der Spaten ist ein zweiarmiger Hebel. Drehpunkt D liegt zwischen Last L und Kraft K.

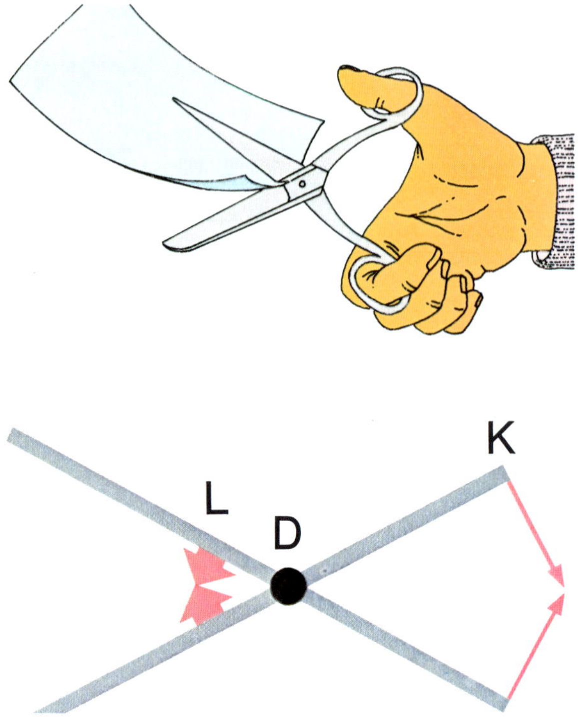

Die Schere ist ein doppelarmiger Hebel. Je näher L an D liegt, desto kleiner kann K sein.

und ist der Lastarm 2 Meter lang, so hält eine Kraft, die einem Gewicht von 2 Kilogramm entspricht, auf einem Kraftarm von 5 Metern Länge das Gleichgewicht. Multiplizieren wir beide Zahlenpaare miteinander (5 mal 2 und 2 mal 5), so erhalten wir auf beiden Seiten das gleiche Produkt, nämlich 10. Abgekürzt sagt das archimedische Hebelgesetz: *Lastarm mal Last ist gleich Kraftarm mal Kraft.*

Was ist die erste Hebelart?

Der Höhlenmensch legte das Ende seines Hebels, also den Ansatzpunkt der Last L, unter den Felsbrocken. Dann legte er den Stein als Drehpunkt D unter den Hebel. Wenn er nun seine Kraft K am langen Hebelarm ansetzte und diesen herunterdrückte, drehte sich der Hebel über D. Dieser Hebel gehörte zur *ersten Hebelart,* den *zweiarmigen Hebeln.* Bei ihnen liegt D zwischen K und L.
Beispiele für die erste Hebelart sind die Wippe, das Brecheisen, der Pumpenschwengel, die Waage.
Manchmal werden zwei Hebel zusammen verwendet; sie bilden dann einen Doppelhebel. Eine Schere ist ein Doppelhebel. Die Schraube, die die beiden Scherenteile zusammenhält, bildet den Drehpunkt. Wenn man versucht, ein Stück Pappe mit einer gewöhnlichen Schere durchzuschneiden, merkt man bald, daß man das mit der Spitze der Schere nicht fertigbringt. Die Pappe ist hart, und man braucht viel Kraft. Schneidet man aber nahe dem Drehpunkt in der Mitte der Schere, geht es viel leichter, weil nun der Kraftarm im Verhältnis zum Lastarm größer ist.

Was ist die zweite Hebelart?

Wer einen schweren Schrank im Wohnzimmer von der Stelle rücken will, kann sich die Arbeit mit einem Hebel der *zweiten Art* erleichtern: Man nimmt eine kräftige Stange und setzt ihr eines Ende auf den Fußboden

Die Schubkarre ist ein Hebel zweiter Art. K und L bewegen sich in der gleichen Richtung.

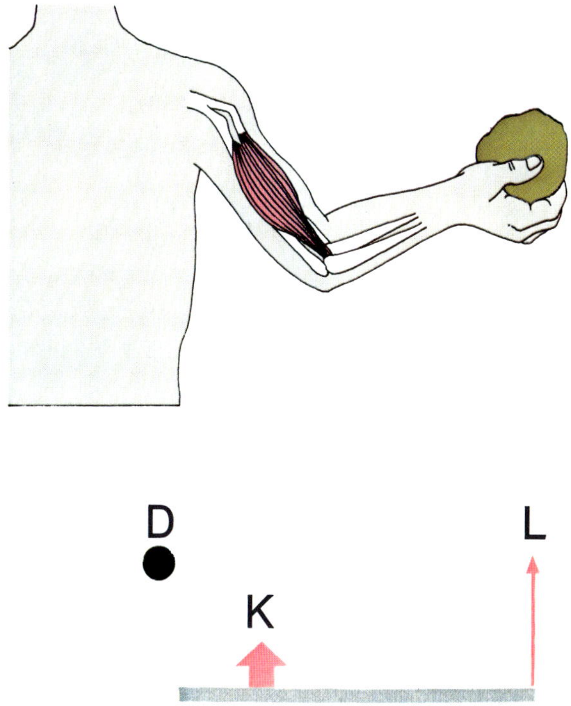

Beim Unterarm setzt der Bizeps K zwischen L und D an, Kraft wird in Bewegung umgesetzt.

unter dem Schrank (nicht zu weit nach hinten!). Jetzt drückt man das andere Ende nach oben. Wo liegt jetzt der Drehpunkt D? Am Ende der Stange natürlich, direkt auf dem Boden. Die Kraft K setzt am anderen Ende an, an dem wir die Stange nach oben drücken. Der Kraftarm unseres Hebels reicht nun von unserer Hand bis D, bis zum Hebelende am Boden. Die Last L setzt dort an, wo die untere Kante des Schranks unseren Hebel berührt. Der Lastarm reicht von L bis D, ist also ein kurzer Lastarm. Die Rechnung nach Archimedes (Lastarm mal Last gleich Kraftarm mal Kraft) weist nach, wie sehr wir mit dem langen Kraftarm im Vorteil sind – der Schrank läßt sich leicht rücken.

Dieser Hebel der zweiten Art ist *einarmig:* Der Drehpunkt liegt am Ende des Hebels; die Last liegt zwischen dem Drehpunkt und dem Ansatz der Kraft. Einer solchen Hebelart bedienen wir uns auch beim Nußknacker, bei der Schubkarre und beim Öffner für Kronenkorken.

Ein Sonderfall des einarmigen Hebels ist der Hebel, bei dem die Kraft K zwischen Drehpunkt D und Last L angreift, an einem Punkt also, der näher am Drehpunkt liegt als der Ansatzpunkt des Widerstandes. Zu diesen Hebeln gehören zum Beispiel die Zuckerzange, der Besen, unsere Arm- und Beingelenke und die Angelrute.

Der Drehpunkt der Angelrute liegt in unserer Hand, die den Angelstock am unteren Ende hält. Der Angriffspunkt der Kraft liegt dort, wo unsere andere Hand (höher hinauf) den Stock hält. Hier ziehen wir den Angelstock an uns heran und überwinden mit der langen Rute die Last (des widerstrebenden Fisches im Wasser), die am oberen Ende des Stockes durch die Angelschnur angreift. Unser Kraftarm muß also eine größere Kraft aufwenden, dafür aber einen kleineren Weg zurücklegen. Wenn ein schwerer Fisch anbeißt, wird der Angler unwillkürlich mit der Hand, die die Angelrute heranzieht, höher greifen und so den Kraftarm verlängern.

Beim Bau der großen Pyramiden vor über 4500 Jahren bedienten sich die Ägypter zweier einfacher Maschinen: Auf einer schrägen Rampe aus Erde, also einer schiefen Ebene, zogen Arbeiter die Kalksteinblöcke auf hölzernen Walzen, also auf Rollen, zur Baustelle hinauf.

Die schiefe Ebene

Wie wird die schiefe Ebene verwendet?

Bei den großen Bauten, die heute errichtet werden, sind meistens erstaunlich wenige Menschen beschäftigt. In kurzer Zeit entstehen riesige Gebäude. Das ist nur möglich, weil die verschiedenartigsten Maschinen beim Bauen verwendet werden. Wir sehen Bagger, Rammen, Kräne, Planierraupen, Förderbänder, Aufzüge und noch andere Maschinen. In früheren Jahrhunderten kannte man diese Maschinen nicht. Und dennoch wurden schon im Altertum gewaltige Bauwerke errichtet – von den Römern, den Griechen und noch früher von den Ägyptern. Die gewaltigen Pyramiden der Pharaonen, der ägyptischen Könige, zählte man zu den „sieben Weltwundern". Sie wurden ohne Hilfe von Kränen oder Aufzügen errichtet, nur durch die Muskelkraft der Menschen. Die Römer bauten große Amphitheater und lange steinerne Wasserleitungen, Aquädukte genannt, die zum Teil heute noch stehen. Alle diese Bauwerke wurden aus großen Steinquadern und oft ohne Mörtel errichtet.

Ein Wissenschaftler hat errechnet, daß die Cheops-Pyramide von Gizeh in Ägypten, die etwa 2550 Jahre vor unserer Zeitrechnung errichtet wurde, aus 2 300 000 Kalksteinblöcken besteht. Jeder Block wiegt fast drei Tonnen. Etwa 100 000 Menschen sollen 20 Jahre daran gearbeitet haben. Die Pyramide war anfangs 146 m hoch, die 8 m hohe Spitze ist jedoch nicht erhalten geblieben. Wie brachten die Arbeiter die schweren Blöcke in die Höhe?

Mit Hebeln konnten die Ägypter die

schweren Blöcke nicht nach oben transportieren. Aber sie kannten die *schiefe Ebene* – eine der sechs einfachen Maschinen. Auf einer schrägen Fläche, einer Rampe aus Erde, die sie an der entstehenden Pyramide anlegten und von Zeit zu Zeit erhöhten, wurden die großen Felsblöcke hinaufgezogen. Viele Arbeiter, mit Seilen davorgespannt, zogen die Blöcke dann auf hölzernen Walzen an ihren Platz im Bauwerk.

Wollen wir einen steilen Berg hinaufsteigen, ist es weniger anstrengend, einen weiteren, aber weniger steilen Weg zu gehen, der in Serpentinen hinaufführt, als den kürzeren, aber steileren Weg. Es ist auch leichter, eine Treppe mit niedrigen Stufen hinaufzusteigen als eine Treppe mit hohen Stufen. Schon die alten Ägypter hatten erkannt, daß eine Last auf einer weniger steilen Steigung leichter zu transportieren ist, darum bauten sie Rampen und zogen die Steinquader hinauf.

Wie erleichtert die schiefe Ebene die Arbeit?

Sie machten im Prinzip dasselbe, was heute ein Lastwagenfahrer tut, wenn er ein Faß aufladen will, das zum Tragen zu schwer ist. Er nimmt ein breites Brett, legt das eine Ende auf die Kante der Ladefläche und das andere auf den Erdboden. Dann rollt er das Faß über dieses Brett auf den Lastwagen. Das Brett ist eine *schiefe Ebene,* eine Fläche, bei der ein Ende höher liegt als das andere. Auch jede ansteigende Straße ist eine schiefe Ebene. Man nutzt die schiefe Ebene, um eine Last, die zu schwer ist, um sie senkrecht zu heben, auf eine bestimmte Höhe zu bringen.
Wie beim Hebel brauchen wir für einen längeren Weg eine geringere Kraft. Die Arbeitsleistung ist die gleiche, ob die schiefe Ebene nun lang oder kurz ist. Aber es ist leichter, die Last über eine

Experiment: Wie wirkt die schiefe Ebene?

Wir nehmen einen Stapel Bücher, etwa 30 Zentimeter hoch, und legen ihn auf den Tisch. An einem Spielzeugauto befestigen wir vorn ein Gummiband. Nun legen wir den Arm auf den Bücherstapel und lassen das Auto am Gummiband hängen. Je nach dem Gewicht des Spielzeugautos wird sich das Gummiband dehnen. Mit einem Zentimetermaß messen wir die Länge des gedehnten Gummibandes.
Jetzt legen wir ein etwa 60 Zentimeter langes Brett schräg gegen den Bücherstapel. Ziehen wir nun das Auto diese schiefe Ebene hinauf, dann stellen wir fest, daß das Gummiband nicht so stark gedehnt wird wie vorher.
Mit Hilfe einer Federwaage können wir den Versuch ganz wissenschaftlich anstellen. Hängen wir das Auto an die Federwaage, kann die Kraft, die jeweils nötig ist, das Auto hinaufzuschaffen, an der Waage abgelesen werden.

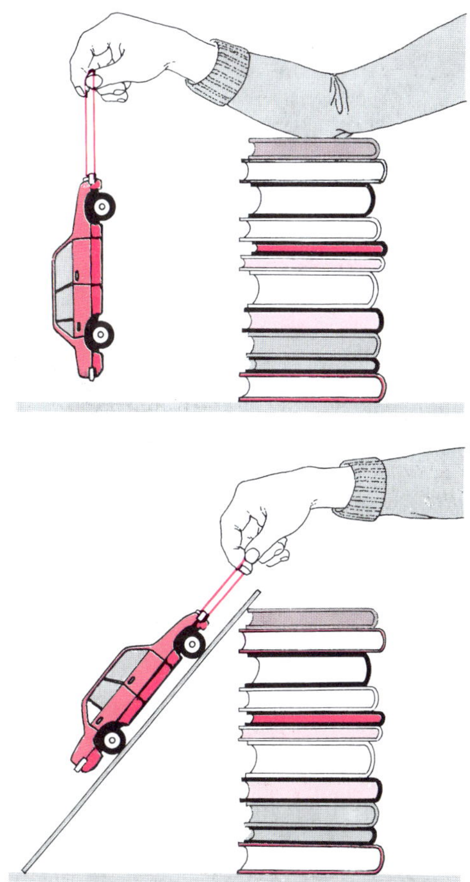

Einen Gegenstand heben ist schwerer als ihn eine schiefe Ebene hinaufziehen.

Die Gondeln einer Seilbahn — hier die Schilthornbahn bei Mürren (Schweiz) — hängen an einer schiefen Ebene. Die Maschinen, die die Gondeln aufwärtsziehen, brauchen weniger Kraft.

größere Entfernung hinaufzubringen. Je geringer die Neigung der schiefen Ebene ist, um so länger ist der Weg und um so weniger Kraft braucht man.

Wie berechnet man den Vorteil der schiefen Ebene?

Bei der schiefen Ebene gilt das gleiche Gesetz wie beim Hebel: Kraft mal Kraftarm = Last mal Lastarm. Nehmen wir an, wir wollen 20 Kilogramm zwei Meter hoch heben; wir haben ein Brett von vier Meter Länge, das uns als schiefe Ebene dienen soll. Da die angestrebte Höhe die Hälfte der Brettlänge ausmacht, brauchen wir nur so viel Kraft aufzuwenden, wie für die Hälfte des Gewichts der Last erforderlich ist. Mit anderen Worten: 10 kg Kraft heben 20 kg Last auf der 4 m langen schiefen Ebene 2 m hoch.
Wegen der Reibung müssen wir jedoch etwas mehr als 10 Kilogramm Kraft aufwenden, um die 20 Kilogramm hinaufzubringen. Je glatter das Brett und die zu bewegende Last sind, um so geringer ist die Reibung. Wenn die Last Räder hat, ist die Reibung noch geringer. Darum stellen Umzugsleute schwere Möbelstücke auf eine niedrige Plattform mit Rädern, und damit ziehen sie den Schrank oder andere schwere Stücke eine Rampe oder schiefe Ebene hinauf in den Möbelwagen.
Den Vorteil, den die schiefe Ebene uns bietet, rechnen wir so aus: Wir teilen die Länge der schiefen Ebene durch die Höhe: 4 geteilt durch 2 = 2. Wir konnten mit der aufgewendeten Kraft eine doppelt so schwere Last hinaufbefördern. Die insgesamt zu leistende Arbeit allerdings bleibt gleich groß, da wir die Last ja über die doppelte Weglänge — vier statt zwei Meter — bewegen.

Auch Paßstraßen wie der Sustenpaß in der Schweiz sind schiefe Ebenen. Darum können auch Autos mit schwächeren Motoren diese und ähnliche Alpenpässe mühelos überwinden.

Der Keil

Wozu verwendet man den Keil?

Wir wissen, daß der vorgeschichtliche Mensch ein Steinwerkzeug verwendete, um Stämme und Balken aufzuspalten. Dieser Stein war auch eine der sechs einfachen Maschinen – es war ein *Keil.* Die frühen Menschen waren den großen jagdbaren Tieren an Kraft unterlegen. Eine ihrer ersten Waffen war der Faustkeil, ein handlicher Stein, der zufällig eine Spitze oder Schneide hatte. Später lernten sie, passende Steine so zu bearbeiten, daß sie zu wirksamen Waffen und Werkzeugen wurden. Noch später befestigten sie solche Steinkeile an kürzeren oder längeren Ästen, so entstanden die ersten Beile oder Speere.

Physikalisch ausgedrückt besteht ein Keil aus zwei zusammengesetzten schiefen Ebenen. Wir wissen, daß man schiefe Ebenen gebraucht, um schwere Gegenstände zu transportieren. Den Keil verwendet man, um große Widerstände zu überwinden, zum Beispiel, um einen Holzklotz zu spalten. Man schlägt einen oder mehrere Keile in das Holz, bis es auseinanderbricht.

Die meisten Waffen, die der Mensch ersann, beruhen auf dem Prinzip des Keils. Schon der Speer, mit dem der vorgeschichtliche Mensch Bären und andere wilde Tiere jagte, war ein Keil, ebenso der Pfeil, die Streitaxt und das Schwert. Auch moderne Geschosse wie Gewehrkugeln und Granaten, die dicke Metallwände durchschlagen, sind Keile.

Auch die Axt oder das Beil, mit denen man Bäume fällt, sind doppelte Keile, ebenso Nähnadel, Hobel, Messer, Meißel und Spaten. Grundsätzlich sind alle Werkzeuge Keile, mit denen man einen Werkstoff in mehrere Teile trennen kann.

Anders als beim Hebel und bei der schiefen Ebene läßt sich beim Keil der Vorteil nicht so einfach errechnen. Bei der Verwendung des Keils spielt die Reibung eine viel größere Rolle als bei der schiefen Ebene. Außerdem kann die Kraft, die jeweils auf den Keil wirkt, sehr unterschiedlich sein und ist oft schwer meßbar. Hammerschläge, die auf einen Keil fallen, sind nicht immer gleichmäßig stark, und ebenso ist der Druck, der auf das Messer beim Schneiden ausgeübt wird, schwer zu messen.

Welchen Vorteil bringt der Keil?

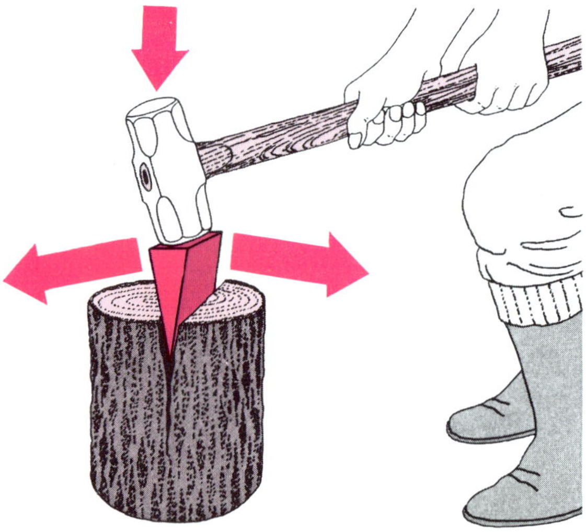

Der Keil besteht aus zwei schiefen Ebenen. Je flacher die Neigung der Ebenen, also je spitzer der Keil, desto leichter dringt er ein.

Die Schraube

Auch die *Schraube* ist mit der schiefen Ebene verwandt. Man kann sich die Schraube als eine um einen Stab gewickelte schiefe Ebene vorstellen. Wir legen eine Schraube so auf ein Blatt Papier, daß der Schraubenkopf über die Tischkante hinausragt; dann halten wir eine Bleistiftspitze in eine Schraubenrille und rollen die Schraube: auf dem Papier entsteht eine schräge Linie. Diese schräge Linie stellt die Kante einer schiefen Ebene dar.

Warum ist auch die Schraube eine schiefe Ebene?

Umgekehrt kann man die schiefe Ebene leicht in Schraubenform bringen. Wir schneiden aus einem Blatt Papier ein rechtwinkliges Dreieck aus, das etwa so hoch wie ein Bleistift und doppelt so

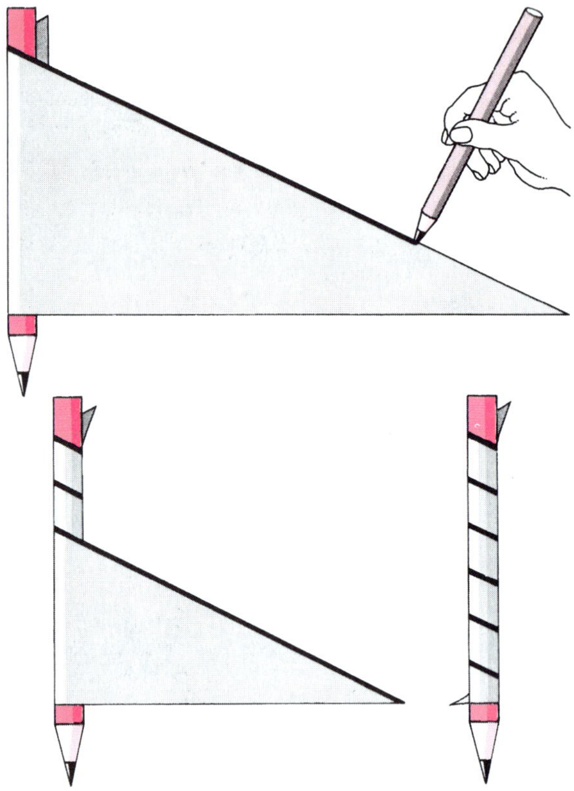

Wenn man eine schiefe Ebene aus Papier ausschneidet und um einen Bleistift wickelt, sieht man, daß auch die Schraube eine schiefe Ebene ist.

lang ist. Die schräge Kante bemalen wir mit einem Farbstift. Wenn wir nun dieses Dreieck, die schiefe Ebene, um einen Bleistift wickeln, bildet die bemalte Kante des Papiers eine Schraubenlinie um den Bleistift.
Schrauben, die Hölzer verbinden, haben ein spitzes Ende, damit sie besser in das Holz eindringen können. Bei Metallschrauben wird vorher ein Gewinde in die Metallteile eingeschnitten, die von der Schraube zusammengehalten werden sollen.

Bei einer Schraube laufen ein Steg und eine Rille spiralförmig um einen Schaft herum. Das ist das Gewinde der Schraube. Den Höhenunterschied zwischen zwei Stegen bezeichnet man als Ganghöhe oder Steigung der Schraube. Bei einer Drehung hebt oder senkt sich die Schraube um eine ganze Ganghöhe.

Was ist die Ganghöhe?

Der Vorteil läßt sich nur bei einer Schraube errechnen, die zum Heben einer Last verwendet wird. Er ergibt sich aus dem Umfang der Schraube geteilt durch die Ganghöhe oder auch aus der Länge ihrer Windung – der schiefen

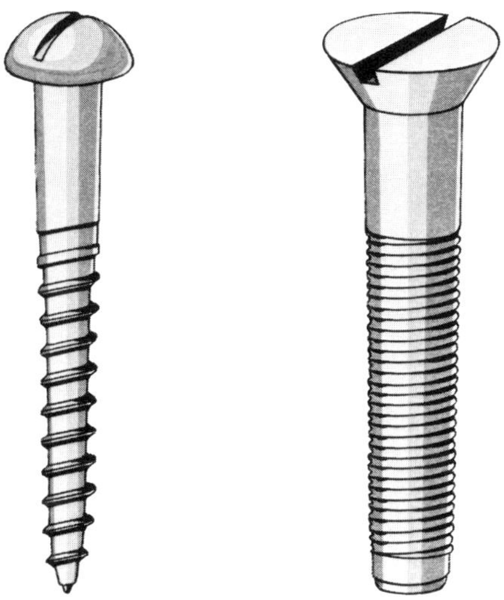

Je steiler das Gewinde ist, desto weicher kann das Material sein, in das sie eindringen soll. Links eine Holz-, rechts eine Metallschraube.

Ebene – geteilt durch die Länge der Schraube. Maßgebend ist also der Steigungswinkel einer Schraube; je größer die Ganghöhe, desto geringer die Kraftersparnis, und umgekehrt.

Mit einem Wagenheber kann man fast mühelos ein Auto anheben, und es gibt größere Schraubheber, die noch viel schwerere Lasten anheben. Von allen einfachen Maschinen bietet die Schraube den größten Vorteil, weil die aufzubringende Kraft im Verhältnis zur Last am geringsten ist.

Das Rad

Sehen wir uns um, zu Hause, auf der Straße, wo immer wir gehen oder stehen, und denken wir uns, es gäbe keine Räder. Dann gäbe es kein Auto, keine Eisenbahn und nur wenige andere Maschinen.

Warum war die Erfindung des Rades so wichtig?

Wie bei den anderen einfachen Maschinen wissen wir nicht, wer das *Rad* erfunden hat. Wir wissen nicht einmal, wann und wo es zuerst verwendet wurde. Man kann nur vermuten, daß die Menschen der Vorzeit bereits wußten, daß sich ein runder Gegenstand leichter bewegen läßt als ein kantiger. Es ist sicher, daß die Vorzeitmenschen Baumstämme als Walzen verwendeten, um schwere Gegenstände, zum Beispiel große Steine, zu transportieren. Aber ihre Walzen waren noch keine Räder.

Wir wissen, daß die Sumerer in Mesopotamien vor 4000 Jahren das Rad gebrauchten. Sie hatten zweirädrige Karren: Die Räder waren schwere, runde Holzscheiben mit einer Achse in der Mitte.

Die erste Verbesserung des Rades bestand darin, es mit einem Kreuzbalken quer zur Maserung zu verstärken. Die Ägypter stellten dann Räder aus Bronze her, die bereits Speichen besaßen. Sie waren ebenso kräftig wie die alten Scheibenräder, aber viel leichter. Allgemein verbreitet waren dann bis in unser Jahrhundert hölzerne Speichenräder mit herumgelegten Metallreifen. Das moderne Speichenrad, wie wir es von unseren Fahrrädern kennen, wurde zuerst von dem italienischen Maler und Erfinder Leonardo da Vinci (1452–1519) gebaut. Sein Rad war im Verhältnis zur Belastbarkeit leichter als alle bis dahin bekannten Räder.

Illustration aus einem Buch aus dem 15. Jahrhundert: Kran in Brügge (Belgien). Der Kran wurde zum Entladen von Flußschiffen benutzt und mit einer Tretmühle angetrieben. Die Tretmühle war ein stehendes Rad, das sich unter dem Gewicht der in ihr laufenden Menschen drehte. Dabei wickelte sich das Hebeseil über die Achse und hob die Last über eine feste Rolle. Der Kran war drehbar gelagert.

Was macht das Rad zu einer einfachen Maschine?

Der Vorläufer des Rades war die Walze, ein Stück Baumstamm. Das Rad entstand dadurch, daß man von der Walze eine Scheibe abschnitt. Das Rad allein ist aber noch keine Maschine; es wird erst eine, wenn wir es mit einer Welle (Achse) oder mit einem anderen Rad verbinden. Genau genommen ist die Welle nichts anderes als ein zweites Rad, das mit dem ersten Rad fest verbunden ist, so daß Rad und Welle sich miteinander drehen.
Am Beispiel des Ziehbrunnens, der in früheren Zeiten allgemein gebraucht wurde, erkennen wir das Prinzip des Rades. Unser Bild zeigt das große Rad, das mit der Welle fest verbunden ist. Der Durchmesser des großen Rades ist viermal größer als der der Welle. Dreht sich das große Rad einmal um sich selbst, tut die Welle das gleiche. Nehmen wir an, der Umfang des Rades beträgt 160 Zentimeter; dann wickelt die Welle bei einer Umdrehung 40 Zentimeter des Seiles auf und hebt den Eimer um die gleiche Strecke. Der Mann, der an dem Seil zieht, um Rad und Welle zu drehen, muß allerdings das Seil nicht um 40 cm, sondern um 160 cm weiterziehen. Dafür braucht er aber nur ein Viertel der Kraft, die nötig wäre, um den gefüllten Wassereimer ohne Ziehvorrichtung heraufzuholen.

Wie können Räder andere Räder drehen?

Das erste Fahrrad, das Karl von Drais im Jahre 1817 konstruierte, bestand nur aus zwei Rädern und einem Rahmen. Mit dem Fuß stieß der Radfahrer sich einmal links, einmal rechts vom Erdboden ab und rollte so die Straße entlang. 1853 versah der deutsche Mechaniker Fischer das Vorderrad mit einer Tretkurbel. Aber erst die Erfindung des Kettenantriebs erleichterte das Radfahren und ermöglichte größere Geschwindigkeiten.
Sehen wir uns ein Fahrrad einmal genauer an. Zwischen den beiden Rädern befindet sich das Kettenrad mit den Pedalen. Über dies Kettenrad läuft eine Kette zu einem kleinen Zahnrad, das fest mit der Achse des Hinterrades verbunden ist. Die einzelnen Kettenglieder greifen sowohl in die Zähne des Kettenrades als auch in die Zähne des kleinen Rades am Hinterrad.
Die Pedale am großen Kettenrad wirken als Hebel; mit ihrer Hilfe können wir das Kettenrad leichter drehen, entsprechend den längeren Kraftarmen der Pedale. Wenn das Kettenrad gedreht wird, wandert die Kette über die Zähne beider Räder und dreht das Hinterrad. Das Kettenrad ist wesentlich größer als das kleine Zahnrad und hat entsprechend mehr Zähne. Angenommen, das Kettenrad hat 60 Zähne und das kleine Zahnrad 15; dann wird bei einer Umdrehung des Kettenrades das kleine Zahnrad und damit das ganze Hinterrad viermal gedreht. Der Vorteil der Fahrradübersetzung liegt also nicht in der Kraftersparnis, sondern in der Beschleunigung.

Rad und Welle beim Ziehbrunnen

Beim Fahrrad wird die Drehbewegung durch eine Kette übertragen. Bei vielen anderen Maschinen und Geräten ge-

Der „Petroleum-Wagen", gebaut 1885 von Gottlieb Daimler, war das erste Motorrad der Welt. Der Ein-Zylinder-Motor lieferte ein halbes PS.

schieht dies auch durch Riemen, durch Kardanwellen oder direkt von Rad zu Rad. Ein Beispiel für die Direktübertragung ist der Schaumschläger. Er hat zwei Räder mit Zähnen, die in rechtem Winkel ineinandergreifen. Wenn sich das eine Zahnrad dreht, werden die Zähne des anderen mitgenommen, so daß es sich ebenfalls dreht. Man nennt das eine Zahnradübertragung. Das Zahnrad, das mit der Handkurbel gedreht wird, ist größer; wenn es eine einzige Umdrehung macht, hat sich das zweite, kleinere Zahnrad mehrere Male gedreht; dadurch wird die rasche Umdrehung der Quirle erzielt. Ähnliche Zahnradübertragungen findet man an zahllosen Maschinen.

In der Technik wird oft das Prinzip des Rades verwendet, ohne daß ein Rad vorhanden ist. Ein Fleischwolf zum Beispiel hat anstelle eines Rades eine Kurbel. Wesentlich ist, daß die Drehbewegung übertragen wird.

Wir wissen, daß sich das Hebelgesetz auch auf das Rad anwenden läßt. So wird auch verständlich, warum bei einem Fleischwolf die Kurbel länger ist als die eines Bleistiftanspitzers. Es ist schwerer, Fleisch durch den Wolf zu drehen als einen Bleistift anzuspitzen. Wir sparen aber Kraft, wenn wir den Kraftarm länger machen – in diesem Fall die Kurbel des Fleischwolfs.

Drei einfache Beispiele für das Zusammenwirken von Rad mit Achse und Hebel. Von links: Beim Fahrrad überträgt das Pedal die Kraft vom Fuß des Radfahrers auf das große Zahnrad, die Kette überträgt die Kraft weiter auf das kleine Rad. Die Kurbel des Fleischwolfs ist länger als die des Bleistiftanspitzers, weil beim Fleischwolf mehr Kraft gebraucht wird.

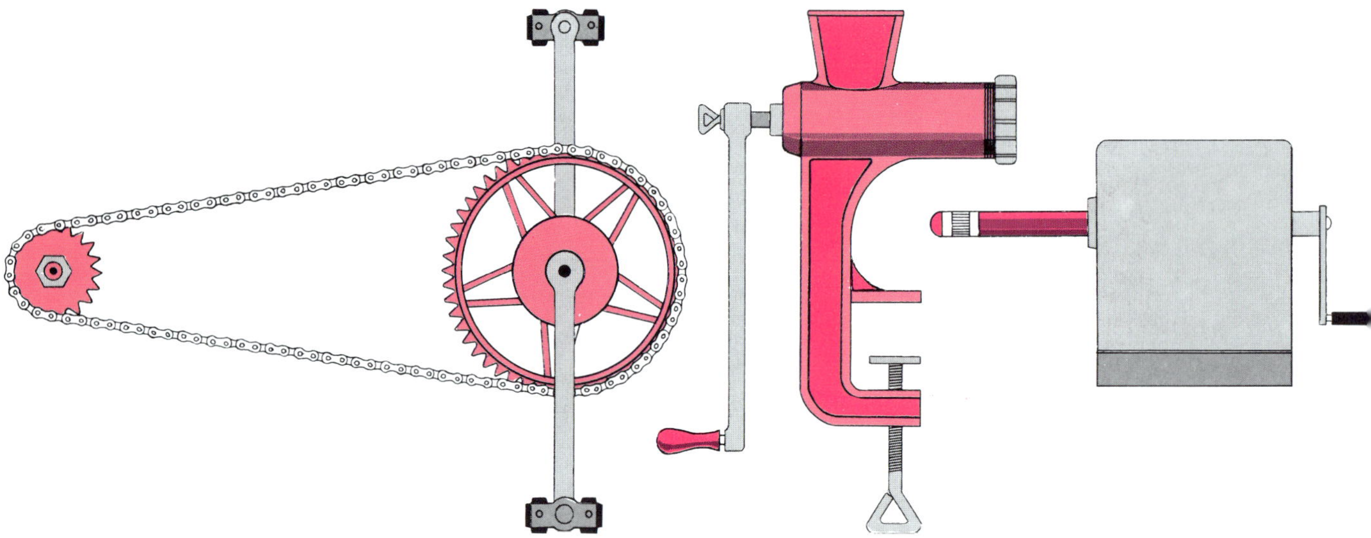

Die Rolle

Die sechste einfache Maschine ist die *Rolle.* Eigentlich kennen wir sie schon, denn ihr Grundelement ist das Rad. Hier wird es aber auf eine andere Art und zu anderen Zwecken verwendet. Die Rolle dient zur Umkehrung einer Kraftrichtung oder zur Verringerung des Kraftaufwands bei Verlängerung des Kraftwegs.

Welchen Vorteil ergibt die feste Rolle?

In die Außenkante der Rolle ist eine Schnurrille eingeschnitten und die Achse der Rolle ist in einer Gabel gelagert. Wenn man die Gabel an einem Haken aufhängt und ein Seil oder eine Kette über die Schnurrille legt, hat man eine *feste Rolle.* Mit ihr erreicht man zwar keine Kraftersparnis, aber man kann die Richtung der angreifenden Kraft ändern. Wenn zum Beispiel ein Segler auf seinem Segelboot ein Segel aufziehen will, braucht er nicht jedesmal auf die Mastspitze zu klettern. Das erspart ihm die Rolle, die oben am Mast befestigt ist und über die die Segelleine läuft. Zum Setzen des Segels zieht er die Segelleine nach unten, und das Segel wird von der Leine, an der es befestigt ist, nach oben gezogen: Die Rolle bewirkt eine Richtungsänderung der angreifenden Kraft.

Bei der festen Rolle ist Last gleich Kraft. Sie bewirkt nur die Umkehrung der Bewegungsrichtung.

Auf Segelbooten und -schiffen werden feste Rollen benutzt, um Segel zu setzen (aufzuziehen).

Wenn wir uns in unserer Umgebung umsehen, werden wir noch manche anderen Beispiele für die feste Rolle finden. Sehen wir uns draußen einen Kran oder einen Bagger an. An einem Baukran kann man meistens mehrere feste Rollen entdecken, durch die die Richtung des Seilzuges verändert wird.

Was bewirkt die lose Rolle?

Wenn man ein Seilende an einem Balken befestigt, eine Rolle in die Seilschlinge legt und die Last an der Rollengabel befestigt, erhält man eine *lose Rolle.* Mit ihr kann man schwe-

Überall, wo schwere Lasten gehoben werden müssen — hier die Verladung von Autos für den Export nach Übersee — benutzt man Flaschenzüge. Die aufzuwendende Kraft verringert sich, weil die Last an mehreren Seilzügen hängt.

re Lasten heben, weil sie einen Kraftgewinn bewirkt.
Stellen wir uns vor, was geschieht, wenn man das lose Seilende um 10 cm heraufzieht: Anders als bei der festen Rolle, bei der die Last dann auch um 10 cm gehoben würde, wandert die lose Rolle mit nach oben, die Last hebt sich also nur um die Hälfte, das sind 5 cm. Nach dem Hebelgesetz kann die Last also doppelt so groß sein wie die angreifende Kraft.

Was ist ein Flaschenzug?

Wir haben gesehen, daß die Rolle – eine einfache Maschine – je nach ihrer Aufhängung als feste oder als lose Rolle verwendet werden kann. Als feste Rolle dient sie nur zur Richtungsänderung einer angreifenden Kraft. Mit der losen Rolle braucht man zwar weniger Kraft, dafür ist der Kraftweg länger.

In der Abbildung 1 auf der Zeichnung (links unten) wird die Kombination einer festen und einer losen Rolle gezeigt. In der Abbildung 2 sieht man die Kombination von 2 festen und 2 losen Rollen. Diese Kombinationen von festen und losen Rollen werden als *Flaschenzug* bezeichnet. Der Name ist darauf zurückzuführen, daß man Rollen, die in einem Gehäuse vereinigt sind, als *Flaschen* bezeichnet.

Welche Ersparnis an Kraft bringen diese beiden abgebildeten Flaschenzüge? Wir können die Frage beantworten, wenn wir uns vorstellen, daß in der Abbildung 1 bei einem Heraufziehen des Seils beispielsweise um 10 Zentimeter dieser Weg sich auf die 2 Seilzüge verteilt, die Last also um $^1/_2$ des Kraftweges, um 5 Zentimeter gehoben wird. Wir haben also einen doppelten Kraftgewinn.

In Abbildung 2 sehen wir 5 Seilzüge. Die oberste Rolle ist eine feste Rolle, die nur eine Umlenkung der Kraftrichtung bewirkt, so daß der letzte Seilzug keinen tatsächlichen Kraftgewinn mehr bringt. Die Länge des Kraftweges verteilt sich also auf 4 Seilzüge. Der Lastweg beträgt somit $^1/_4$ des Kraftweges und der Kraftaufwand $^1/_4$.

Aus diesen beiden Beispielen können wir eine Regel ableiten, mit der es möglich ist, die Kraftersparnis eines jeden Flaschenzugs schnell zu ermitteln. Wir brauchen nur die Anzahl der Seilzüge festzustellen, auf die sich der Kraftweg verteilt, und die Kraft durch diese Zahl zu teilen. Der letzte Seilzug muß unberücksichtigt bleiben.

Anders ist es bei komplizierten Flaschenzügen, den sogenannten Potenz- und Differentialzügen. Beim Potenzflaschenzug hängt jede Rolle an einem eigenen Seil (siehe Abbildung 3), der Kraftgewinn verdoppelt sich mit jeder losen Rolle ($^1/_2$, $^1/_4$, $^1/_8$, $^1/_{16}$, $^1/_{32}$, $^1/_{64}$).

Der Differentialzug (Abb. 4) besteht aus zwei festen Rollen von verschiedenen Durchmessern, die sich – starr miteinander verbunden – um eine gemeinsame Achse drehen, sowie einer losen Rolle, an der die Last hängt. Alle drei Rollen sind durch ein endloses Seil miteinander verbunden. Der Wirkungsgrad dieses Flaschenzuges hängt davon ab, wie groß die Differenz der Durchmesser der beiden festen Rollen ist. Überdies ist diese Bauweise sehr platzsparend. Differentialflaschenzüge kann man zum Beispiel an den Greifern großer Bagger sehen.

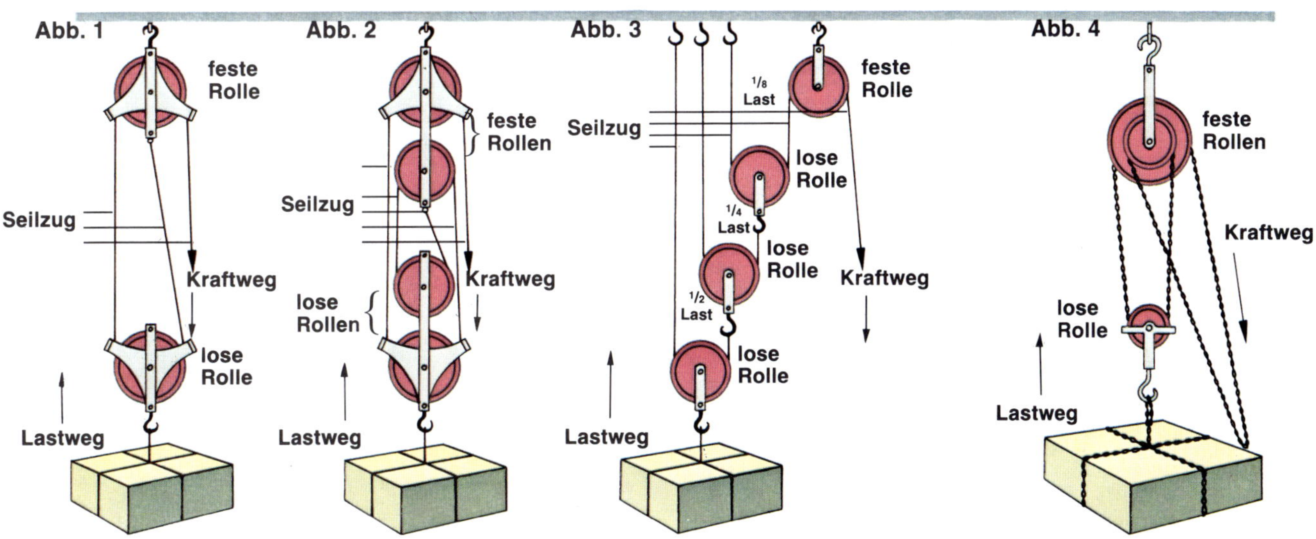

Flaschenzüge sind Kombinationen aus festen und losen Rollen. Sie verringern den Kraftaufwand beim Heben von Lasten. Von links: Einfacher Flaschenzug (Kraftaufwand $^1/_2$ der Last). Vierrolliger Flaschenzug ($^1/_4$). Potenzflaschenzug ($^1/_8$). Differentialflaschenzug (Kraftersparnis hängt vom Verhältnis der Durchmesser der beiden festen Rollen zueinander ab).

Zwei Experimente mit dem Flaschenzug

Gebraucht werden:
- 2 Rollen
- 2 m Schnur
- ein kurzes Stück Schnur
- ein 2-kg-Gewicht
- eine Federwaage
- ein Besenstiel

So wird es gemacht:
Wir stellen zwei Stühle mit den Lehnen zueinander in 1 m Abstand. Der Besenstiel wird über die Lehnen gelegt. In der Mitte des Besenstiels binden wir eine Rolle mit der kurzen Schnur an. Das ist die feste Rolle. In der Mitte des Besenstiels binden wir ein Ende der langen Schnur fest, das andere Schnurende ziehen wir durch den Rollenbügel der zweiten Rolle — das ist die lose Rolle — und dann durch die feste Rolle, wie es die Abbildung unten rechts zeigt. Am freien Ende der Schnur binden wir die Federwaage an, das Gewicht befestigen wir am Haken der losen Rolle. Wenn wir kein Kilogewicht haben, können wir auch einen etwa 2 kg schweren Stein nehmen, den wir zum Befestigen in einen Plastikbeutel stecken.
Jetzt ziehen wir an der Federwaage und lesen ab, welche Belastung sie anzeigt. Sie zeigt an: 1 kg (oder die Hälfte des Gewichts des Steins).
Wenn wir für diesen Versuch keine Rolle kaufen wollen, können wir leere Garnrollen verwenden. Die Achsen und die Bügel biegen wir aus festem Draht zurecht. Dazu schieben wir die Garnrolle auf die Mitte eines entsprechend langen Drahtes und biegen beide Drahtenden dicht an der Rolle nach oben. Über der Rolle drehen wir die Drahtenden zusammen und biegen daraus einen Haken.

Wenn du das Prinzip des Flaschenzugs zu Hilfe nimmst, kannst du zwei Freunden beweisen, daß du stärker bist als sie beide zusammen (Bild oben). Gib jedem einen Besenstiel in die Hand und laß sie sich zwei Meter voneinander entfernt aufstellen. Binde dann das Ende einer Wäscheleine an einem der Besenstiele fest und wickle die Leine dreimal um beide Besenstiele herum, wie es die Abbildung zeigt. Fordere nun deine Freunde auf, nicht mit den Besenstielen nachzugeben, wenn du an der Leine ziehst. Es wird sich herausstellen, daß du stärker bist als sie beide und trotz ihres Widerstandes die Besenstiele zusammenziehen kannst. Warum? Weil du sozusagen einen Flaschenzug benutzt hast. Der Besenstiel des linken Jungen stellt drei feste, der rechte Besenstiel drei lose Rollen dar. Du bist also sechsmal so stark wie deine Freunde zusammen.

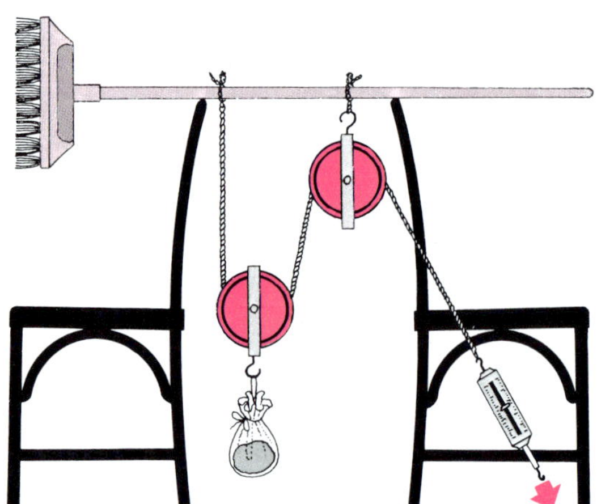

Die Federwaage zeigt die Kraftersparnis.

Zusammengesetzte Maschinen

Wir haben nun die sechs einfachen Maschinen dargestellt. Im allgemeinen Sprachgebrauch sehen wir einen Keil oder eine Schraube nicht als eine Maschine an. Aber alles, was wir als Maschine bezeichnen, ist eine Zusammenstellung oder ein Zusammenwirken, ein Verbund dieser einfachen Maschinen mit anderen Teilen. Wir können an jeder Maschine, auch wenn sie noch so kompliziert ist, die Wirkungsweise der „einfachen Maschinen" erkennen.

Was sind Kraftmaschinen?

Eine besondere Art der Maschine ist die Kraftmaschine. Kraftmaschinen formen vorhandene Energien, die nicht unmittelbar Arbeit leisten, in mechanische Energie um. Die *Dampfmaschine* verwandelt die Energie des Dampfes in die Energie des Kolbens, der das Rad über eine Kurbel dreht und so die gewünschte Arbeit leistet. Die Dampfmaschine ist eine *Wärmekraftmaschine.*

Die Energie des herabstürzenden Wassers treibt die Schaufelräder der Wasserturbine, die nun mechanische Arbeit leisten kann. Die Wasserturbine ist eine *Wasserkraftmaschine.*

Die Dampfmaschine, der Elektromotor, der Benzinmotor, der Dieselmotor, aber auch Windmühle und Wasserrad – sie alle sind Kraftmaschinen; sie verwandeln Energien, die in der Natur vorhanden sind, in mechanische Energie, die als angewendete Kraft Maschinen treibt und Arbeit für uns leistet.

Wie lauten die Grundsätze der einfachen Mechanik?

Wir wollen uns noch einmal einige Grundsätze vor Augen führen, die wir in bezug auf Maschinen gelernt haben. Sie klingen einfach, aber sie sind doch sehr wichtig:

1. Arbeit im Sinne der Mechanik wird nur geleistet, wenn etwas bewegt wird. Ein Mann, der ein 10-kg-Gewicht mit ausgestreckten Armen hochhält, strengt sich zwar an; er leistet aber im physikalischen Sinn keine Arbeit.
2. Wenn etwas bewegt werden soll, muß es geschoben oder gezogen werden. Dazu muß Kraft aufgewendet werden.
3. Soll etwas schneller geschoben oder gezogen werden, muß mehr Kraft aufgewendet werden.
4. Die Kräfte, die überwunden werden müssen, um etwas in Bewegung zu setzen, sind die Trägheit und die Reibung.
5. Alle Körper unterliegen dem Gesetz der Trägheit oder dem Beharrungsvermögen. Das heißt: Ein Körper, der sich im Zustand der Ruhe befindet, widerstrebt einer Veränderung dieses Zustandes; befindet er sich in Bewegung, so setzt er diese Bewegung fort, solange nicht andere Kräfte ihn daran hindern.
6. Je größer die Masse eines Körpers, desto größer ist seine Trägheit.
7. Die Reibung zwischen festen Körpern kann durch Gleitmittel, durch Rollen, Räder oder Kugeln verringert werden.
8. Reibung kann nur überwunden werden, wenn die ihr entgegenwirkende Kraft größer ist. Wenn die Reibung größer ist als die angreifende Kraft, können wir den Gegenstand nicht bewegen und keinerlei Arbeit leisten.

Auf diesem Foto von der Elbe bei Hamburg findet man mehrere Energiearten, ihre Verwendung und ihren Transport: Die beiden großen Masten leiten hochgespannten elektrischen Strom vom Kraftwerk in ferne Dörfer und Städte; das Schiff in Strommitte wird vom Auftrieb des Wassers getragen und über die Schiffsschrauben von einer Energie angetrieben, die in mächtigen Dieselmotoren oder Turbinen erzeugt wird. Und die Ruderboote werden mit menschlicher Muskelkraft fortbewegt.

Energiequellen

Wir wissen nun, was Energie, was Kraft und was Arbeit ist; und wir wissen, daß Energie in Kraft umgewandelt werden muß, wenn Arbeit geleistet werden soll. In frühesten Zeiten waren die Menschen allein auf ihre eigene Muskelenergie angewiesen. Jahrtausendelang begnügten sie sich dann mit „einfachen Maschinen" – Keil, Hebel und schiefer Ebene –, ehe sie sich auch andere Energiequellen zunutze machten. Aber woher nahmen sie diese Energien?

Woher kommt die Energie?

Niemand kann Energie erschaffen, kann sie aus nichts erzeugen. Der Mensch muß sie stets von irgendwo hernehmen. Er findet sie in der Natur. Er nimmt sie aus der Luft, die ihn umgibt, aus dem Wasser, das zu Tal fließt, aus der verbrennenden Kohle, aus Öl und anderen gasförmigen, flüssigen oder festen Stoffen.

Energie ist in vielerlei Formen in der Natur vorhanden, in Wind und Wellen, Blitz und Donner, im Fallen eines Steins, in der Drehung der Erde, im Sonnenlicht; sie ist auch in unserem Körper, wenn unsere Muskeln sich spannen, unsere Nerven arbeiten. In aller Materie ist Energie.
Die Wissenschaftler sagen, daß Materie nur eine besondere Form der Energie ist und daß alle Energie, die in unserer Welt vorhanden ist, wohl ihre Form ändern, daß aber nichts von ihr verlorengehen kann.
In der Natur selbst wandeln die Energieformen sich ständig. Wenn die Sonnenstrahlen auf unsere Erde treffen, verwandelt sich ihre Energie in Wärme. Die erwärmte Erde gibt Wärmeenergie an die Luft ab; die erwärmte Luft steigt nach oben, der in ihr enthaltene Wasserdampf kühlt sich in der Höhe ab und bildet Wolken. Der Regen, der aus den Wolken fällt, bildet auf der Erde Bäche und Flüsse. Das Wasser fließt zu Tal und trägt im Laufe von Jahrtausenden ganze Gebirge ab.

Welche Arten von Energie kennen wir?

Materie kann zwei verschieden Arten von Energie besitzen. Man unterscheidet sie danach, ob die Energie gerade eine Arbeit leistet oder ob sie nur vorhanden ist, aber sozusagen darauf „wartet", eingesetzt zu werden.
Wasser, das einen Wasserfall hinunterfließt, der niederfallende Rammbär einer Ramme, Dampf, der sich unter hohem Druck im Zylinder einer Dampfmaschine ausdehnt – das sind Beispiele für Bewegungsenergie oder, wie die Wissenschaftler sie nennen: *kinetische Energie.*
Das aufgestaute Wasser in einer Talsperre oder der Rammbär, der oben an

Die Achterbahn ist ein gutes Beispiel für die Umwandlung kinetischer Energie (Energie bewegter Massen) in potentielle Energie (Energie der Lage) und umgekehrt. Wenn der Wagen mit einer Kette auf den höchsten Punkt der Bahn gezogen wird, gewinnt er potentielle Energie. Der Schwerkraft folgend, rollt der Wagen nun zu Tal; dabei verwandelt sich die potentielle in kinetische Energie. Sie befähigt ihn, den auf die Talfahrt folgenden Berg hinaufzufahren. Auf dem höchsten Punkt der Bergfahrt ist aus der kinetischen wieder potentielle Energie geworden, die Schwerkraft zieht den Wagen wieder bergab und so weiter.

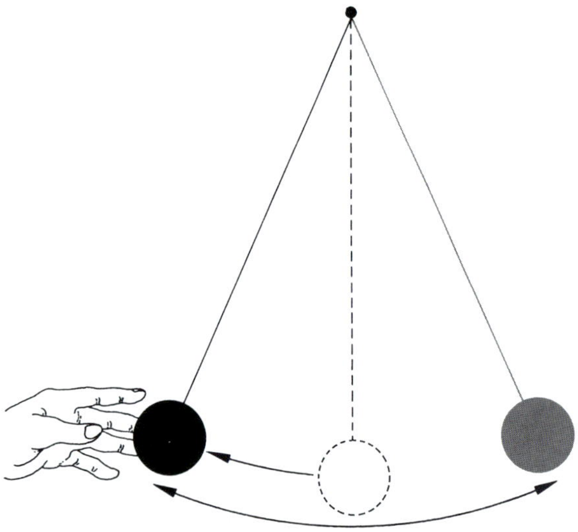

Auch im Pendelschlag verwandelt sich kinetische in potentielle Energie und umgekehrt.

der Ramme hängt, leisten keine Arbeit, aber sie sind in der Lage, Arbeit zu leisten. Die Energie, die sie enthalten, ist nicht tätig oder aktiv, sie ist *gespeichert.* Die Wissenschaftler nennen sie *potentielle Energie.*
Man kann also sagen, daß Materie kinetische Energie besitzt, wenn sie sich in Bewegung befindet. Potentielle Energie hat Materie durch ihren Zustand oder ihre Lage.
Außerdem gibt es noch die *Spannungsenergie,* das ist die Energie, die zum Beispiel einer gespannten Feder innewohnt; oder einem Ball, wenn er auf den Boden aufprallt und sich dabei abplattet. Die Spannungsenergie befähigt ihn, wieder nach oben zu hüpfen. Spannungsenergie ist also ein Spezialfall der potentiellen oder Lageenergie.
Bei mechanischen Vorgängen kann Energie sich von einer in eine andere Form wandeln, ohne daß dabei Energie verloren geht.

Warum schwingt das Pendel hin und her?

Ein interessantes Beispiel wiederholter Umwandlung von potentieller in kinetische Energie und umgekehrt ist das Pendel. Hängen wir ein Gewicht an einem Faden auf und lassen es in Ruhe verharren, so bleibt es in seiner Lage, weil die Schwerkraft, die Anziehungskraft der Erde, es dort hält. In diesem Gewicht ist jetzt ruhende, gespeicherte oder potentielle Energie. Versetzen wir jetzt unser Pendel in Schwingungen. Es schwingt (siehe Abbildung) zunächst von Punkt A nach Punkt B. Die Schwerkraft zieht unser Gewicht herab, bis es im Punkt B dem Schwerkraftmittelpunkt der Erde am nächsten ist. Dabei wird die Geschwin-

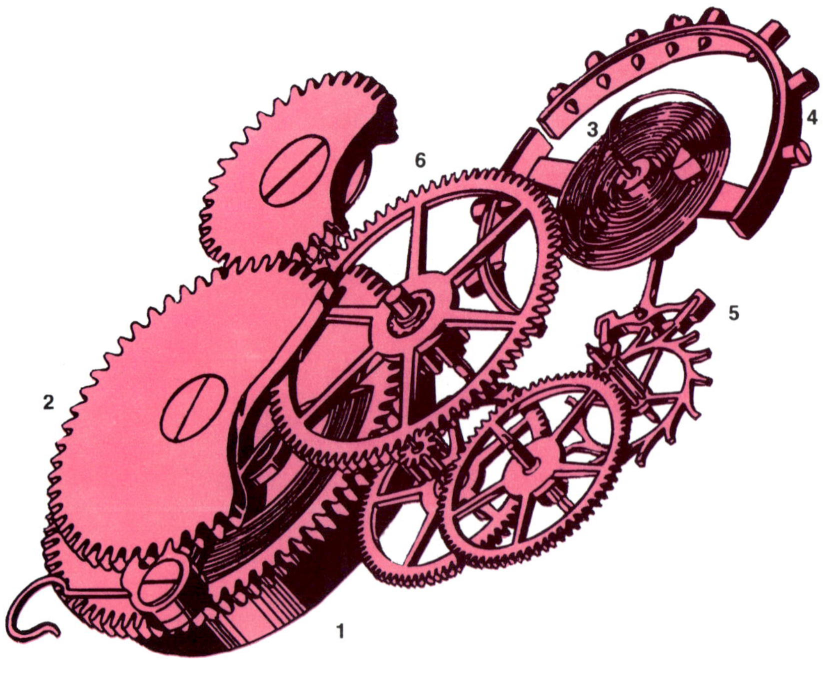

Wenn man eine Uhr mit Federwerk aufzieht, wird die kinetische Energie als potentielle Energie in der Antriebsfeder (1) gespeichert. Als kinetische Energie wandert sie langsam über Sperrklinkenrad (2), Unruhfeder (3), Unruh (4) und Ankerrad mit Anker (5) bis zum Zentralrad (6), das den Stundenzeiger dreht.

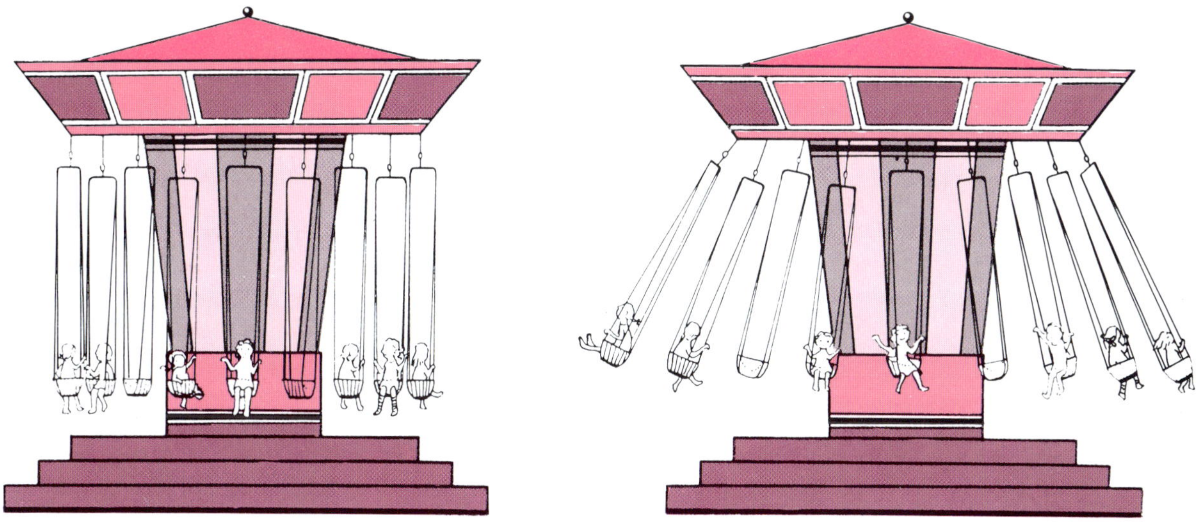

Beim Kettenkarussel zieht die Fliehkraft die Gondeln mit den Fahrgästen nach außen und oben.

digkeit des Pendels bis zum Punkt B ständig beschleunigt.
Das Gesetz der Trägheit – das Gewicht will seine Bewegung fortsetzen – läßt das Pendel bis nach C ausschlagen. Die dabei entgegenwirkende Schwerkraft bremst aber seine Geschwindigkeit, bis es bei C für einen äußerst kurzen Augenblick zum Stillstand kommt. Dieses ist nun der Moment, in dem die tätige, kinetische Energie durch das Kräftespiel zwischen Schwerkraft und Beharrungsvermögen in potentielle Energie umgewandelt ist. Sobald das Pendel zurückschwingt, verwandelt sich diese potentielle wieder in kinetische Energie, die sich nach dem Zurückschwingen bei A wiederum verwandelt, und so fort, bis die Reibung des Pendels an der Luft und des Fadens im Aufhängepunkt das Pendel zur Ruhe gebracht hat.

Was ist die Fliehkraft?

Wenn ein Autofahrer sich einer starken Kurve nähert, mäßigt er die Geschwindigkeit seines Wagens; er drosselt die Gaszufuhr oder tritt auf die Bremse. Warum? Nach dem Trägheitsgesetz haben alle Körper das Bestreben, ihre Bewegung in gerader Richtung weiterzuführen. Wenn der Autofahrer das nicht beachtet und zu schnell fährt, wird sein Wagen aus der Kurve hinausgetragen.
Wenn wir einen Stein an langer Leine um uns herumwirbeln, fällt der Stein nicht zur Erde. Eine Kraft, die stärker ist als die Schwerkraft, hält ihn in seiner gekrümmten Bahn. Wir merken es am Zug der Leine in unserer Hand: der Stein strebt vom Mittelpunkt seiner Kreisbahn fort; er flieht aus der Mitte nach außen, die *Fliehkraft* treibt ihn. Nun lassen wir die Leine los. Der Stein fliegt in gerader Linie rechtwinklig zum Radius seines Kreises. Er setzt seine Bewegung nach dem Trägheitsgesetz in gerader Richtung fort, bis er zu Boden fällt.
Ein Körper, der sich auf einer Kreisbahn bewegt, unterliegt der Fliehkraft; sie drängt ihn nach außen. Je schneller die Bewegung und je schwerer der Körper, desto stärker wirkt die Fliehkraft auf den Körper.
Eine Straßenkurve ist ein Teil eines Kreises, und unser Körper wird in der Kurve bei schneller Fahrt nach außen gedrückt.

Nachts pumpt das Speicherwerk Geesthacht 3,3 Millionen cbm Elbwasser in das 90 m höher gelegene Becken. Bei Bedarf stürzt das Wasser auf drei Turbinen, deren Generatoren 600 000 kWh erzeugen.

Energie aus dem Wasser

Welches war die erste Kraftmaschine?

Schon vor 4000 Jahren waren in Mesopotamien, dem Zwischenstromland, primitive Wasserräder in Gebrauch, mit denen Ackerland künstlich bewässert wurde. Die Europäer benutzten Wasserräder erst viel später. Im Mittelalter bauten sie Mühlen, die von Wasserrädern angetrieben wurden.

Im Laufe der Zeit wurden verschiedene Formen des Wasserrades entwickelt. Je nachdem, ob das Wasser von oben auf das Wasserrad fließt oder das Rad von unterwärts dreht, unterscheidet man oberschlächtige und unterschlächtige Wasserräder. Beim oberschlächtigen Wasserrad läuft das Wasser durch eine Rinne von oben her auf die Schaufeln oder Kästen des Rades, drückt sie mit seinem Gewicht nach unten und bringt damit das Rad zum Drehen. Beim unterschlächtigen Wasserrad tauchen die Schaufeln in das vorbeifließende Wasser hinein; das Wasser drückt mit seiner kinetischen Energie gegen die

Schaufeln und dreht das Rad. Überall, wo ein schnell fließender Bach oder Fluß dahinströmt, ließ sich ein unterschlächtiges Wasserrad bauen. War ein Bach zu träge oder zu wasserarm, wurde er häufig in einem Mühlenteich gestaut und ein oberschlächtiges Wasserrad mit dem herabgeleiteten Wasser betrieben.

Für unsere Zeit mit ihrer modernen Technik sind die alten Wassermühlen nicht mehr leistungsfähig genug. Der Ingenieur Pelton konstruierte 1880 ein nach ihm benanntes Schaufelwasserrad, bei dem das Wasser durch eine Düse in scharfem Strahl auf die löffelförmigen Metallschaufeln des Rades gelenkt wird. Das Peltonrad kann sich schneller drehen und eine größere Energie liefern als die alten Wasserräder aus Holz. Die modernen Wasserturbinen, die man in den Wasserkraftwerken verwendet, nutzen die Energie des fallenden Wassers bis zu 90 Prozent aus.

Der elektrische Strom aus Wasserkraftwerken wird in das allgemeine Versorgungsnetz eingespeist und treibt dann zum Beispiel auch die elektrischen Lokomotiven der Bundesbahn.

Die Leistung hängt beim unterschlächtigen Wasserrad (oben) von der Wassergeschwindigkeit, bei dem oberschlächtigen (dahinter) von der Fallhöhe ab. Darunter: Pelton- und Dampfturbine.

Flüssigkeiten sind Materie wie feste Körper auch, nur sind ihre kleinsten Teile, die Moleküle, nicht so fest miteinander verbunden wie die der festen Körper. Flüssigkeiten lassen sich deshalb leicht teilen, sie nehmen die Gestalt an, die Gefäße oder Räumlichkeit ihnen bieten, und da sie der Schwerkraft unterliegen wie alle Materie, sammeln sie sich immer dort, wo sie dem Mittelpunkt der Schwerkraft unserer Erde am nächsten sind.

Was sind kommunizierende Gefäße?

Gießen wir Wasser in Gefäße, die auf ihrem Grund miteinander verbunden sind, so steigt das Wasser in jedem der Gefäße bis zu gleicher Höhe. Die einzelnen, miteinander verbundenen Gefäße können dabei verschiedene Durchmesser haben. In dem dünneren Ausflußrohr der Gießkanne steigt das Wasser auf die gleiche Höhe wie in dem großen Hohlraum der Kanne.

Diese Eigenschaft des Wassers wird vielfach bei der Wasserversorgung unserer Städte ausgenutzt. Grundwasser oder aufbereitetes Trinkwasser wird in hochgelegene Staubecken gepumpt. Von dort fließt es dann durch die Wasserleitungsrohre bis in die entferntesten Häuser der Stadt und steigt durch die Leitungen bis in die obersten Etagenwohnungen.

Der Tee steht in Kanne und Tülle gleich hoch.

Wie man ein Wasserrad bauen kann

Gebraucht werden:

- *eine Garnrolle oder ein Korken,*
- *10 Blechstreifen,*
- *eine Stricknadel,*
- *ein 30 cm langer starker Draht.*

Korken und Garnrolle bilden den Kern oder die Nabe des Rades.

Mit dem Taschenmesser schneidet man Schlitze in die Garnrolle und steckt die Blechstreifen hinein, wie es die Abbildung zeigt.

Die Stricknadel dient als Achse.

Aus dem Draht wird ein Ständer gebogen (siehe Abbildung), in dessen Ösen das Wasserrad aufgehängt wird.

Nun stellen wir das Wasserrad im Waschbecken unter den Wasserhahn und lassen das Wasser laufen. Das Wasserrad wird sich schnell drehen.

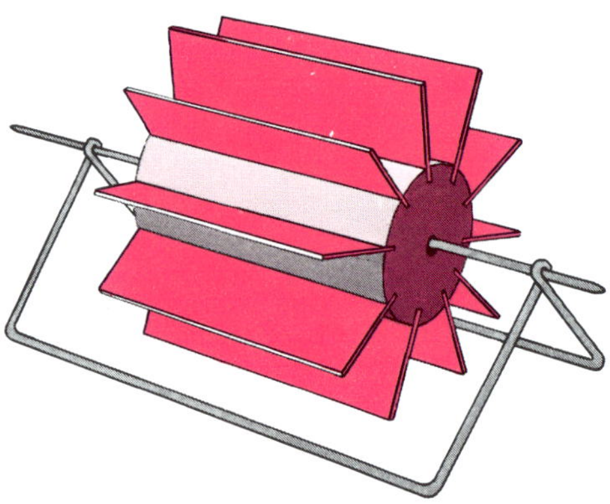

Beim Baden lassen sich interessante Entdeckungen machen. Ein Korken zum Beispiel schwimmt immer auf der Wasseroberfläche. Drükken wir ihn auf den Boden und lassen ihn dort los, so steigt er schnell nach oben. Oder: Ein Stein scheint uns im Wasser leichter zu sein als an Land.

Was ist der Auftrieb?

Die Kraft, die beides bewirkt, ist der *Auftrieb.* Alle Körper, die sich in Flüssigkeiten befinden, erfahren einen Auftrieb und werden scheinbar leichter.

Hier ist wieder die Schwerkraft am

Werk: Flüssigkeiten fließen immer dorthin, wo sie dem Schwerkraftmittelpunkt der Erde am nächsten sind. Will ein eintauchender Körper sie von diesem Platz verdrängen, setzen sie ihm Widerstand entgegen. Dieser Widerstand äußert sich als Auftrieb, er mindert das Gewicht des Körpers in der Flüssigkeit. Archimedes fand heraus: Jeder Körper wird in einer Flüssigkeit um so viel leichter, wie die Flüssigkeit wiegt, die er verdrängt. Der Auftrieb ist gleich dem Gewicht der verdrängten Flüssigkeit. Daraus ergibt sich, daß alle Materie, die leichter als Wasser ist, auf der Oberfläche des Wassers schwimmt.

gestreckte Hohlformen. Sie tauchen so weit in das Wasser ein, daß ihr Eigengewicht genau dem des verdrängten Wassers entspricht. Wird das Schiff beladen, so wird sein Eigengewicht größer, und es taucht tiefer in das Wasser ein; wird Ladung gelöscht (entladen), hebt es sich aus dem Wasser heraus. Wenn das Gesamtgewicht eines Schiffes größer als das Gewicht des verdrängten Wassers wird, geht das Schiff unter.

Unterseeboote sind interessante Beispiele dieses Zusammenwirkens von Schwere und Auftrieb. Sie bilden geschlossene Hohlformen und haben in ihrem Innern besondere Hohlräume,

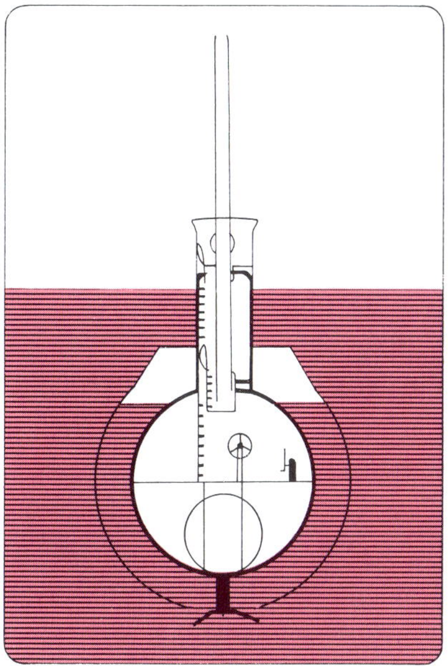

Unterseeboote haben Ballasttanks, die mit Wasser gefüllt oder leergepumpt werden können. So läßt sich der Auftrieb regulieren. Auf der Zeichnung links sind die Tanks fast voll. Rechts: Ein deutsches U-Boot der Klasse 206, eines der modernsten Schiffe der westlichen Kriegsmarinen.

Warum schwimmen Schiffe?

Hohlkörper sind leicht und verdrängen verhältnismäßig viel Wasser. Das haben sich die Menschen seit eh und je zunutze gemacht: Sie höhlten Baumstämme aus, die so – mit verringertem Gewicht, aber verhältnismäßig großer Wasserverdrängung – zu tragfähigen Booten wurden. Auch die heutigen Schiffe sind lang-

die mit Wasser gefüllt werden können. Läßt der Kommandant die Hohlräume fluten, wird das Boot schwerer, sein Gewicht wird größer als das des verdrängten Wassers. Das U-Boot sinkt unter die Oberfläche des Wassers. Reguliert man den Wasserinhalt der Tauchtanks so, daß das Gewicht des Bootes dem Gewicht des verdrängten Wassers entspricht, schwebt das Boot im Wasser. Es steigt nach oben, wenn Wasser aus den Tanks gepumpt wird.

Ein Junge ging einmal mit einem Tonkrug zu einer Quelle, um Wasser zu holen. Der Krug war bauchig geformt und konnte oben mit einem Korken verschlossen werden. Der Junge füllte den Krug bis oben hin voll Wasser und wollte den Krug mit dem Korken verschließen. Aber das gelang ihm nicht; denn Flüssigkeiten lassen sich nur wenig zusammendrücken. Schließlich versetzte er dem Korken mit seiner Faust einen kräftigen Schlag und trieb ihn so in den Flaschenhals hinein. Im gleichen Augenblick brach der Boden des Kruges heraus und alles Wasser ergoß sich auf die Erde. Wie kam das?

Wie funktioniert die hydraulische Presse?

Der große französische Philosoph und Physiker Blaise Pascal (1623–1662) untersuchte den Druck, den Flüssigkeiten auf die Wandung von Gefäßen ausüben, und er fand: *Der Druck in einer Flüssigkeit ist an allen Stellen der Wandung gleich.* Das klingt sehr einfach, führt uns aber doch zu einem überraschenden Ergebnis: Nehmen wir an, der Korken jenes Kruges habe eine Grundfläche von 5 cm² gehabt und der Junge habe mit einer Kraft von 5 kg draufgeschlagen. Auf jeden einzelnen Quadratzentimeter des Korkens übte der Junge also einen Druck von 1 kg aus – und der Korken drückte mit gleicher Energie auf die Wasseroberfläche. Da sich in einer eingeschlossenen Flüssigkeit jeglicher Druck nach allen Seiten gleichmäßig fortsetzt, wirkte also auf jeden Quadratzentimeter der Wandung ebenfalls ein Druck von 1 kg. Hatte der Boden des Krugs eine Grundfläche von 75 cm², drückte die Kraft von 75 kg gegen ihn. Da der Boden der schwächste Teil des Kruges war, gab er nach und brach.

Nach diesem Gesetz haben erfindungsreiche Techniker dann die *hydraulische* Presse gebaut: Ein Kolben von kleinerem Durchmesser übt vermittels einer eingeschlossenen Flüssigkeit oder eines Gases (z. B. Preßluft) einen Druck auf einen Kolben aus, der einen vielfach größeren Durchmesser hat. Sovielmal wie die Grundfläche des großen Kolbens größer ist als die des kleinen Kolbens, sovielmal größer ist die Kraft der hydraulischen Presse. In modernen Maschinen werden solche Pressen vielfach angewendet. Greifer und Arme von Baggern und Kränen aller Arten werden hydraulisch betätigt. Die Bremsbacken von Autos werden hydraulisch gegen die Bremsscheiben oder -trommeln der Räder gedrückt. In den Fabrikhallen der Schwerindustrie arbeiten hydraulische Pressen, die

Das Wasser drückt mit dem gleichen Druck auf die Wandung wie der Korken auf das Wasser.

Die hydraulische Presse wurde schon 1795 erfunden. Sie wird oft als Wagenheber benutzt.

In Dampfkesseln wird Dampf erzeugt, der Turbinen antreibt, in Fernheizwerken Wärme zum Verbraucher transportiert oder anderen Zwecken dient. Der Dampfkessel oben wird mit Öl befeuert; sogenannte „Abhitze-" oder „Abgaskessel" werden durch heiße Abgase von Öfen oder Motoren beheizt.

gewaltige Drücke ausüben. Zahllosen Bauteilen aller möglichen Apparate geben hydraulische Pressen die richtige Form.

Das Pascalsche Gesetz gilt für alle Flüssigkeiten und Gase. Weil Eisen im Wasser schnell rostet, wird in der Regel in hydraulischen Pressen als Flüssigkeit Öl verwendet.

Wie funktioniert die Dampfmaschine?

Im 18. Jahrhundert lernten die Europäer, den Wasserdampf als Energiequelle zu nutzen. Der Dampf, in den sich Wasser durch Erhitzen verwandelt, ist unsichtbar; die Dampfwolke, die wir sehen, ist nicht das Gas,

Nachbildung von James Watts erster Dampfmaschine aus dem Jahr 1788 im Deutschen Museum München.

Die erste Lokomotive der Welt, gebaut 1804 von dem Engländer Richard Trevithik.

sondern besteht wie der Nebel aus kleinsten Wassertröpfchen – das Gas hat sich bereits wieder abgekühlt.
Als Gas nimmt Wasser 1600mal mehr Raum ein als in flüssigem Zustand. Dampf kann man stark zusammenpressen und so Überdruck erzeugen. Darum konnte man den Dampfdruck zur Arbeitsleistung nutzen. Man leitete den Dampf in eiserne Zylinder und ließ ihn Kolben bewegen. Die erste Dampfmaschine war eine Pumpe. Als dann die geradlinige Bewegung des Kolbens durch Hebel auf ein Rad übertragen wurde, konnte der Dampf Räder drehen.
Die Dampfmaschine war etwas grundsätzlich Neues. Die bis dahin erfundenen Maschinen hatten zwar die menschliche Arbeitskraft vergrößert oder Arbeit beschleunigt, konnten aber die Muskelkraft nicht völlig ersetzen. Wasserräder, die die Energie des strömenden Wassers nutzten, konnte man nur an strömenden Gewässern bauen. Die Dampfmaschine war die erste nicht ortsgebundene Kraftmaschine; sie verwandelt die Energie des Dampfes in die Bewegungsenergie des Kolbens. Die erste brauchbare Dampfmaschine baute James Watt im Jahr 1765 für eine britische Textilfabrik. Mit der Erfindung der Dampfmaschine begann das Industriezeitalter.

Energie aus der Luft

Schon vor Jahrtausenden lernte der Mensch, ein Segel zu verwenden, um den Wind einzufangen und damit ein Boot zu treiben. Aber erst im 7. Jahrhundert band man, zuerst in Persien, Segel an ein großes Rad und baute Windmühlen. Der Wind drehte das Rad, und durch Zahnräder wurde die Drehbewegung auf eine Achse übertragen, die Schöpf- oder Mühlräder drehte. Später benutzte man Windmühlen auch zur Entwässerung tiefliegender Gebiete am Meer. Das Wasser wurde mit Hilfe der Windmühlen aus den Gräben zwischen den Feldern geschöpft.

Wozu dienten die ersten Windmühlen?

Bei den ersten Windmühlen bestanden die Segel an dem großen Windrad aus Leinen. Später baute man Windmühlen mit großen hölzernen Windmühlenflügeln. Beide Arten gibt es heute noch. Die meisten Windmühlen wurden früher gebraucht, um Korn zu mahlen. Solche Mühlen verschwinden aber allmählich aus unseren Landschaften. Die Windenergie ist nicht immer verfügbar, und ohne Wind drehen sich die Mühlen nicht. Darum werden Mühlen heute mit Elektromotoren angetrieben. Auf dem Land sieht man manchmal Windräder, die sich an hohen Masten drehen. Sie pumpen Wasser auf Viehweiden oder Bauernhöfen oder erzeugen kleine Mengen von elektrischem Strom. Diese Windräder sind klein und aus Metall, und sie werden so angebracht, daß sie sich selbsttätig gegen den Wind stellen und sich bei jeder Windrichtung drehen.

Schwere Stürme haben oft zerstörerische Kraft. Dieser Wirbelsturm tötete im Jahr 1973 in den USA 40 Menschen und verwüstete eine kleine Stadt. Das Foto wurde von einem Amateurfotografen aufgenommen — unter Lebensgefahr, denn der Wirbelsturm bewegte sich genau auf ihn zu.

Windmühlen in Spanien. Noch vor 80 Jahren waren in Norddeutschland und in Holland etwa 100 000 Windmühlen des unten links gezeigten Typs in Betrieb. Der Wind, den sie nutzten, entsteht dadurch, daß sich rund zwei Prozent der eingestrahlten Sonnenenergie in die Energie bewegter Luftmassen verwandeln. Wollten wir unseren Energiebedarf heute nur mit Windmühlen decken, brauchten wir etwa 100 Mühlen für jeden Bundesbürger.

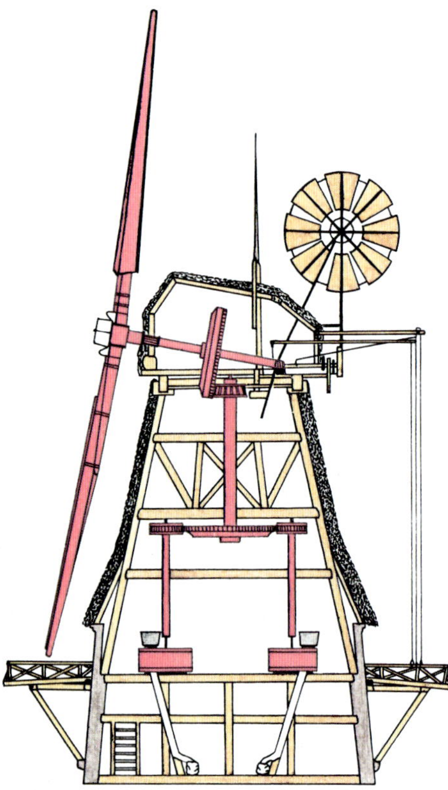

Schnitt durch eine Windmühle. Das kleine Windrad dreht die Mühlenhaube immer in den Wind. Diese Mühlen stehen meist unter Denkmalschutz.

Auch bei den letzten Windmühlen finden wir meistens ein zweites, kleines Windrad, das im rechten Winkel zu den großen Windmühlenflügeln angebracht ist. Es dreht sich, wenn der Wind von der Seite kommt; dabei wird durch eine Zahnradübertragung der ganze obere Teil der Windmühle gegen den Wind gedreht.

Wie wurde der Luftdruck nachgewiesen?

Die Luft ist ein Gasgemisch, das sich in allen Bereichen befindet, in denen wir leben. Wir können sie nicht sehen; sie ist farblos. Wir können sie nicht schmecken, nicht riechen, nicht ertasten, nicht fassen. Und doch ist sie wie alle Gase ebenso Materie wie flüssige und feste Körper. Sie hat Gewicht, daß heißt, sie wird von der Schwerkraft der Erde angezogen. Wir merken nichts von dem Gewicht der

Die Kraft des Luftdrucks wurde schon im 17. Jahrhundert von dem Magdeburger Bürgermeister und Physiker Otto von Gericke nachgewiesen. Der Mann rechts im Bild pumpt die Luft aus einem Zylinder mit abgedichtetem Kolben. Der Kolben wird vom Luftdruck in den Zylinder gesogen, obwohl sich etwa 30 Männer bemühen, ihn herauszuziehen.

Luft, weil im Innern unseres Körpers der gleiche Druck herrscht.

Als erster hat der italienische Physiker und Mathematiker Evangelista Torricelli (1608–1647) das Gewicht einer schweren Flüssigkeit, des Quecksilbers, ausgenützt, um den Luftdruck nachzuweisen. Er füllte Quecksilber in eine Glasröhre, verschloß diese mit dem Finger und drehte sie um. Dann hielt er das Ende der Röhre in eine kleine Schale, nahm den Finger weg und ließ das Quecksilber in die Schale rinnen. Es floß aber nicht völlig aus der Röhre heraus; ein Teil blieb als Quecksilbersäule in der Röhre stehen, solange das untere Ende der Röhre in das Quecksilber tauchte, das sich nun in der Schale befand. Was hielt das Quecksilber in der Röhre zurück?

Die Luft in der Röhre oberhalb des Quecksilbers war so verdünnt, daß sie fast nichts mehr wog, ihr Druck war praktisch Null. Auf das ausgelaufene

Experiment mit dem Luftdruck

Wir füllen ein Glas bis oben hin mit Wasser und bedecken es mit einem Stück leichter Pappe. Wir halten die Pappe mit der flachen Hand fest, während wir das Glas rasch umdrehen. Wenn wir jetzt die Hand von der Pappe nehmen, wird kein Wasser aus dem Glas fließen — die Pappe wird von der Luft von unten gegen das Glas gedrückt und verschließt es.

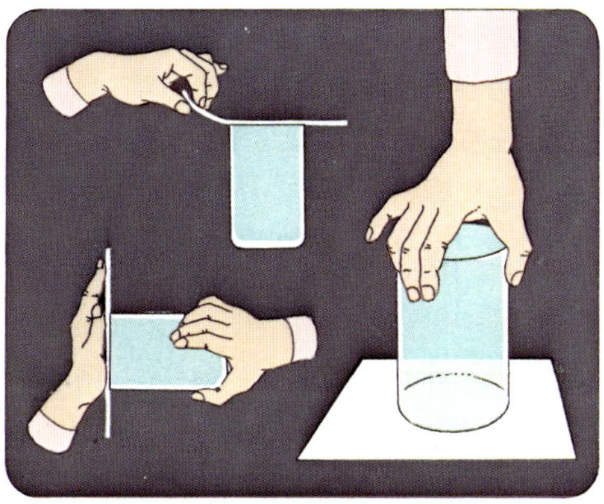

Der Luftdruck drückt auf die Pappe und schließt das Glas wasserdicht ab.

Quecksilber in der Schale jedoch drückte die Luft mit ihrem vollen Gewicht. Dieser Druck entsprach genau dem Gewicht des Quecksilbers, das in der Röhre geblieben war.

Wie wird der Luftdruck gemessen?

Es zeigte sich, daß die Quecksilbersäule an verschiedenen Tagen und bei verschiedenem Wetter auch verschieden hoch war. Der Luftdruck wechselte. Wurde die Quecksilbersäule kleiner, konnte man schlechtes Wetter erwarten; stieg sie, zeigte sich damit gutes Wetter an. Aus dem Torricellischen Rohr, der mit Quecksilber gefüllten Glasröhre, wurde das *Barometer* entwickelt.
Am Stand der Quecksilbersäule im etwa 1 m hohen sogenannten *Stationsbarometer* wird in den Wetterstationen der Luftdruck aufs genaueste gemessen. Bei normalem Wetter und in Meereshöhe steht die Quecksilbersäule 76 Zentimeter hoch. Jeder Zentimeter Quecksilber in der Säule wiegt 13,6 Gramm. Wir brauchen also nur 76 mit 13,6 malzunehmen und finden als Ergebnis, daß die Luft auf das Quecksilber mit einem Gewicht von 1033 Gramm auf jeden Quadratzentimeter drückt. (Wir müssen uns dabei eine Luftsäule denken, die einen Querschnitt von einem Quadratzentimeter hat und vom Erdboden bis in jene Höhe reicht, wo die Luft aufhört.)
Dieses Gewicht hat man bis 1978 als Maßeinheit für alle Drücke genommen. Ein Druck von 1033 Gramm wird eine Atmosphäre genannt (geschrieben 1 atm). Bei Drücken, die darüber hinausgehen, spricht man von Atmosphären-Überdruck; die abgekürzte Bezeichnung lautet *atü*. Heute messen wir den Luftdruck in *bar* (griech.: barys = schwer). Ein bar, abgekürzt *b*, entspricht fast genau 1 atm.

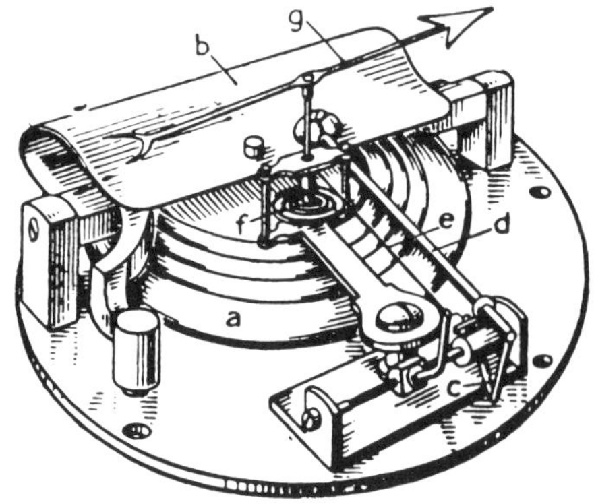

So sieht ein Aneroid- oder Dosenbarometer von innen aus: a Dose, b Flachfeder, c Winkelhebel, d Hebelarm zum Temperaturausgleich, e Schnur oder Kette, f Spiralfeder, g Zeiger. In Wetterstationen zeichnet ein Barograph, das sind mehrere Dosenbarometer übereinander, den stark vergrößerten Ausschlag auf einem vorbeilaufenden Papierstreifen auf.

Was ist ein Aneroidbarometer?

Das Aneroidbarometer wurde im Jahre 1847 erfunden. Es mißt den Luftdruck nach einem anderen Prinzip: Sein wichtigster Teil ist eine flache, fast luftleere Metalldose mit einem welligen, leicht biegsamen Deckel (Membran). Um zu verhindern, daß die Dose vom Luftdruck gänzlich zusammengepreßt wird – auf jeden Quadratzentimeter drückt mehr als ein Kilogramm –, wird die Membran von einer starken Flachfeder gehalten. Die Membran wird durch diese Anordnung, je nachdem, ob der Luftdruck oder die Federkraft stärker ist, mehr oder weniger nach innen oder nach außen gedrückt. Diese Bewegung der Membran wird durch einen Hebelmechanismus übertragen und vergrößert. Ein kurzer Hebelarm bewegt einen längeren Arm. Am Ende ist ein Winkelhebel, an dessen freiem Hebelarm eine Schnur oder eine feine Kette befestigt ist. Diese umschlingt eine drehbare Achse, an deren Ende ein Zeiger sitzt. Bewegen sich die Grundflächen der Metalldose, so dreht sich der Zeiger über einem Zifferblatt, auf dem er den Luftdruck anzeigt.

Wasser kommt in drei verschiedenen Formen oder *Aggregatzuständen* vor: Als Eis ist es ein fester Körper; die flüssige Form betrachten wir als seinen Normalzustand; gasförmig tritt es im Wasserdampf auf. Alle Materie, die wir kennen, befindet sich in einem dieser drei Aggregatzustände.

Worin unterscheiden sich Gase von anderer Materie?

In den Gasen sind kleinste Teile, die aus Atomen zusammengesetzten Moleküle, in unaufhörlicher, regelloser und sehr schneller Bewegung. Sie stoßen ständig gegeneinander und prallen voneinander ab. Deshalb streben die Gasmoleküle – im Gegensatz zu denen der festen und flüssigen Materie – auseinander: Gase füllen jeden leeren Raum, der ihnen gegeben ist, vollständig aus.

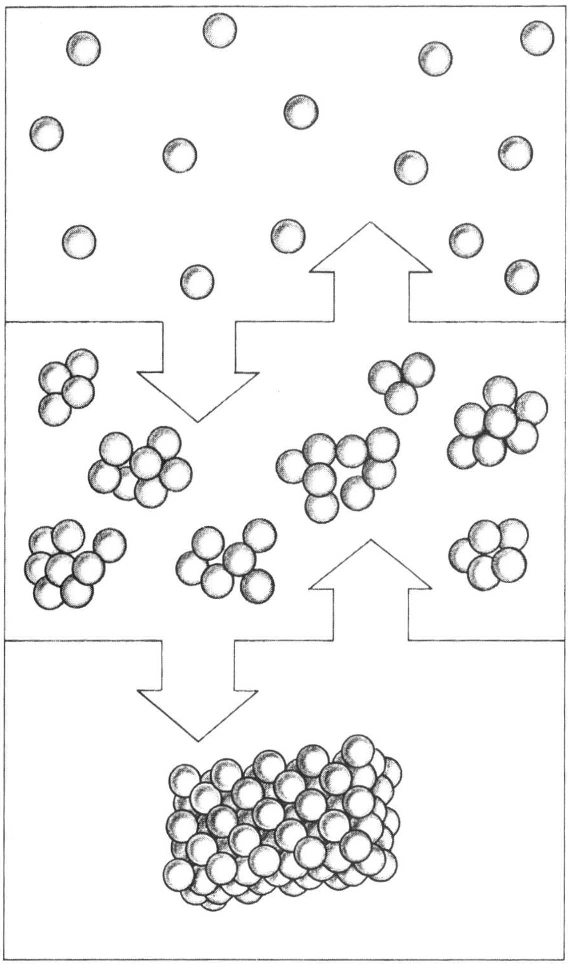

Streben die Gase einerseits danach, sich auszudehnen, so lassen sie sich andererseits auch zusammenpressen oder komprimieren. Auch darin unterscheiden sie sich von anderer Materie. Gase sind elastisch. Diese Tatsache war für Wissenschaftler und Techniker eine große Entdeckung. Otto von Gericke hat um 1635 die erste Kolbenluftpumpe erfunden, das erste Gerät, mit dem es möglich war, Luft zu komprimieren.

Wer baute die erste Luftpumpe?

Mit einer Fahrradpumpe können wir diese Eigenschaft der Luft leicht nachprüfen. Wenn wir den Kolben herausziehen, strömt Luft durch die untere Öffnung in das Rohr ein. Wir drücken die untere Öffnung jetzt mit dem Daumen fest zu und drücken den Kolben nach unten, so stark wir können. Wenn wir den Griff jetzt plötzlich loslassen, schnellt der Kolben zurück. Warum?

Die kinetische Energie unseres Armmuskels drückte durch den Kolben die Luft im Rohr zusammen. Unsere kinetische Energie verwandelte sich dadurch in die potentielle Energie der komprimierten Luft im Rohr. Sobald wir den Griff loslassen, verwandelt sich diese potentielle in kinetische Energie, die den Kolben nach oben schleudert. Wenn Luft in entsprechend starkwandigen Behältern unter hohen Drücken komprimiert wird, kann sie erstaunliche Energie speichern. Die Kompression der Luft geschieht durch motorgetriebene Kolben, die in schneller Folge Luft ansaugen und sie durch Ventile in den Luftbehälter pressen. Durch Rohrleitungen wird die Druckluft dann dorthin geleitet, wo sie Arbeit zu leisten hat.

Die drei Aggregatzustände des Wassers: Im Eis sind kleinste Wasserteilchen fest miteinander verbunden; im Wasser bilden sie lose Gruppen; im Dampf streben sie einzeln voneinander fort.

Am 21. November 1783 startete ein Warmluftballon der Gebrüder Montgolfier in Versailles (Frankreich) zum ersten bemannten Ballonflug der Welt.

Was geschieht, wenn Luft erwärmt wird?

Wenn wir bei geschlossenen Fenstern in einer warmen Stube sitzen, könnte man denken, die Zimmerluft stünde bewegungslos im Raum. Aber der Rauch einer Tabakspfeife beweist, daß im Zimmer eine ständige Luftströmung herrscht. Eine Spirale, aus kreisrunder Pappe geschnitten und auf einer senkrecht stehenden Stricknadel beweglich angebracht, gerät über dem Heizkörper oder dem Ofen in kreisende Bewegung. Warme, aufsteigende Luft treibt sie schnell herum. Wenn Luft erwärmt wird, dehnt sie sich wie jede andere Materie aus, sie wird leichter und steigt nach oben. Ihren Platz nimmt kühlere, dichtere und schwerere Luft ein, die von allen Seiten hinzuströmt.

Von der Sonne wird die Erdoberfläche erwärmt. Sie gibt Wärme an die Luft ab. Die erwärmte Luft wird leichter und steigt nach oben. Die kinetische Energie, die in warmer Luft wirksam wird, haben die Gebrüder Montgolfier genutzt, um Warmluftballons zu bauen. Im Jahre 1783 stieg ein solcher Ballon über Versailles in die Lüfte. In gebührender Entfernung unter dem Ballon hatten die Montgolfiers ein offenes Feuer abgebrannt. Die erwärmte Luft stieg durch die untere Öffnung in die Hülle des Ballons, und der Auftrieb war so stark, daß beim zweiten Start auch noch zwei Personen die Luftfahrt mitmachen konnten. Wie erwärmte, also leichtere Luft erfahren auch andere Gase, die leichter als Luft sind, in der Luft einen Auftrieb. Deshalb werden Luftballons mit Wasserstoffgas oder Leuchtgas gefüllt. Am besten eignet sich Helium, ein sehr leichtes und nicht brennbares Gas.

Die Papierspirale, auf eine Heizung gestellt, dreht sich in der aufsteigenden warmen Luft.

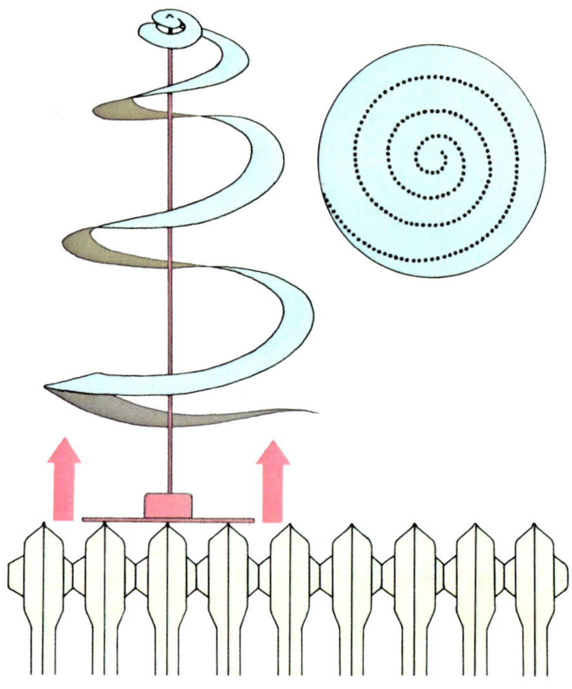

150 Millionen DM kostet jede „Concorde", ein von Franzosen und Briten gemeinsam entwickeltes Überschallflugzeug für die Zivilluftfahrt. Die „Concorde" fliegt die Strecke Paris—New York in 3.45 Stunden; dabei fliegt sie mit doppelter Schallgeschwindigkeit, das sind etwa 2200 km/h. Die Boing 747 „Jumbo" braucht für dieselbe Strecke 7.55 Stunden. Die gleichzeitig entwickelte sowjetische Überschallmaschine TU 144 wurde aus unbekannten Gründen wieder aus dem Verkehr gezogen.

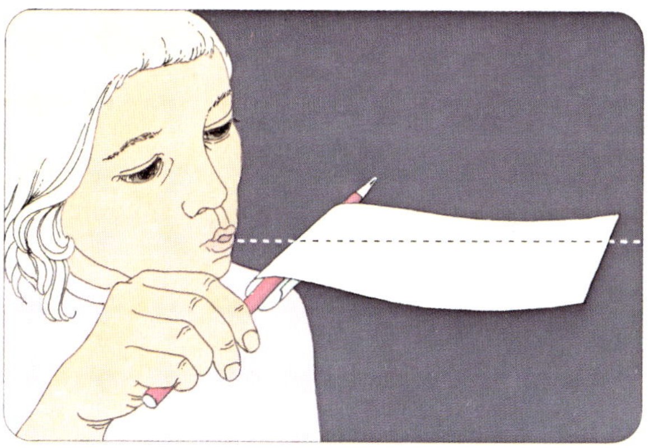

Wenn man gegen einen Papierstreifen bläst, bewegt sich sein freies Ende nach oben.

Auch für Gase gilt der Satz des Archimedes: Alle Körper, die sich innerhalb eines Gases oder eines Gasgemisches (wie zum Beispiel in der Luft) befinden, erfahren einen Auftrieb, der dem Gewicht des verdrängten Gases entspricht. Selbst ein Stein wiegt in der Luft weniger als im luftleeren Raum, und zwar genau soviel, wie die Luft wiegt, die er verdrängt.

Was bewirken strömende Flüssigkeiten oder Gase?

Ein einfaches Experiment kann uns helfen, ein wichtiges physikalisches Gesetz zu erkennen, das für strömende Flüssigkeiten und Gase gilt. Wir schneiden ein rechteckiges Stück Papier zurecht, dessen Schmalseite etwa 12 bis 15 cm lang ist, und rollen den Streifen an einem schmalen

Ende etwas ein. In diese offene Rolle stecken wir einen Bleistift und blasen kräftig über den leicht herabhängenden Papierstreifen hin. Was geschieht? Der Streifen wird deutlich angehoben, solange unsere Atemluft darüber hinwegstreicht. Offenbar hebt die strömende Luft das Blatt Papier.
Denken wir uns jetzt ein Segelflugzeug hoch in den Lüften. Es fliegt gegen einen kräftigen Wind. Was geschieht in der starken Luftströmung? Unser schwacher Atem hob ein Blatt Papier, als er darüber hinstrich; der starke Wind, tausendmal stärker als unser Atem, hebt das schwere Flugzeug, es steigt nach oben, von der strömenden Luft getragen. Warum?
Das Flugzeug bleibt in der Luft, weil ein *Auftrieb* entsteht, wenn seine Tragflächen sich schnell durch die Luft bewegen. Die Tragflächen haben nämlich eine besondere Form: Sie sind oben gewölbt. Die Luft, die über die Tragflächen streicht, fließt schneller als die Luft unter den Tragflächen, weil sie einen weiteren Weg zurücklegen muß.

Wie hält sich ein Flugzeug in der Luft?

Schneller fließende und dichtere Flüssigkeiten oder Gase üben auf ihre Umgebung einen geringeren Druck und damit einen Sog aus. Umgekehrt erzeugen weniger verdichtete und langsamer strömende Flüssigkeiten und Gase einen höheren Druck.

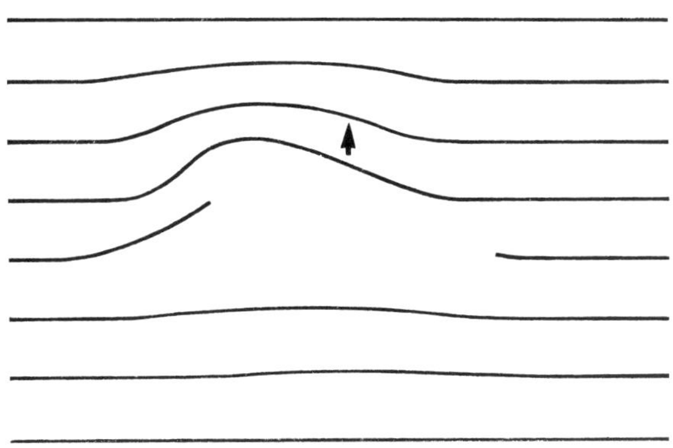

Der Sog über den Tragflächen hebt das Flugzeug.

Die strömende Luft erzeugt also auf der Oberseite der Tragflächen einen Sog, auf der Unterseite dagegen einen Überdruck. Sog von oben und Überdruck von unten heben das Flugzeug in die Luft. Durch eine leichte Schrägung der Tragflächen nach oben gegen die Flugrichtung wird der Auftrieb noch erhöht. Diesen Winkel zur Flugrichtung nennt man *Anstellwinkel.*
Natürlich bietet der gesamte Körper des Flugzeuges der strömenden Luft einen ständigen Widerstand. Segelflugzeuge, die durch Winden- oder Autoschlepp in eine gewisse Höhe gebracht worden sind, müssen deshalb im Gleitflug zur Erde zurückkehren, wenn sie nicht durch Aufwinde an Berghängen oder vor Gewitterfronten in der Höhe gehalten oder sogar aufwärts getrieben werden. Bei Propellerflugzeugen oder bei Flugzeugen, die durch Strahltriebwerke getrieben werden, wird der Widerstand durch die Triebwerke überwunden; so können sie sich in der Luft halten, solange die Triebwerke arbeiten.

Energie gibt es überall

Woraus erzeugen wir heute Energie?

Potentielle und kinetische Energie ist in der uns umgebenden Natur in überreichem Maße vorhanden, in flüssigen, gasförmigen und auch in festen Stoffen. Für den Menschen gilt es nur, sie zu nutzen.
Heute wird nur noch ein geringer Teil des Weltbedarfs an Energie aus dem Wasser oder dem Wind gewonnen. Riesige Mengen an nützlicher Energie liefern uns Erdöl, Erdgas und Kohle.
Holz und Kohle werden in Brennöfen

Einschub des stählernen Sicherheitsbehälters des Kernkraftwerks Krümmel an der Elbe. Der Behälter ist doppelwandig und gasdicht. Er wiegt 1500 t und nimmt den Reaktor in sich auf. Krümmel liefert 1260 MW (1,26 Milliarden Watt).

verbrannt und verwandeln Wasser in Dampf, der Dampfmaschinen oder Dampfturbinen treibt. Flüssige oder gasförmige Stoffe können in Zylindern der Vergasermotoren und in Brennkammern der Düsentriebwerke verbrannt werden. Als die Elektrizität entdeckt wurde, entstand bald auch eine neue Kraftmaschine, der Elektromotor, der nun die größten Maschinen treibt, aber auch unsere kleinen Haushaltsgeräte in Gang setzt. Die elektrische Energie bietet vor allen anderen Energieformen einen unschätzbaren Vorteil: Sie kann durch Hochspannungsleitungen über weite Entfernungen transportiert werden; und überall, wohin diese Leitungen reichen, selbst in entlegenen Bergdörfern, in fernen Eiswüsten und in der langen Winternacht des hohen Nordens kann elektrischer Strom Maschinen antreiben, die Dunkelheit erhellen und in Häusern und Fabriken Wärme spenden.

Die neueste und größte Energiequelle wurde erschlossen durch die Spaltung des Atoms; dabei wird atomare Energie freigesetzt und in Kernkraftwerken in Wärmeenergie umgewandelt, die zur Stromerzeugung genutzt wird.

Die Atomwissenschaft lehrt uns, daß in den kleinsten Bauteilen aller Materie, in den Atomen, gewaltige Energien wirken. Riesige Mengen an Energie sendet uns die Sonne mit ihrem strömenden Licht. Energie wirkt in jeder lebenden Zelle, in allem, was existiert – auch in dem, der dieses Buch liest.

Fachausdrücke der Mechanik

AGGREGATZUSTAND: Der Zustand einer Materie: entweder fest, flüssig oder gasförmig. Er wird durch Druck und Temperatur bestimmt.

ARBEIT: Angewandte Kraft, um einen Gegenstand von einem Ort zu einem anderen Ort zu bewegen oder seine Bewegung zu verändern.

AUFTRIEB: Die aufwärts gerichtete Kraft, die auf einen Körper einwirkt, der sich in Flüssigkeiten oder Gasen befindet.

DREHPUNKT: Auflagepunkt, um den ein Hebel sich dreht.

EINFACHE MASCHINE: Gerät, das durch Ausführen einer Arbeit Kraft- oder Wegersparnis, Beschleunigung oder Richtungsänderung bewirkt. Es gibt sechs einfache Maschinen: Hebel, Keil, schiefe Ebene, Schraube, Rad mit Achse und Rolle.

ENERGIE: Die Fähigkeit, Arbeit zu leisten.

FLASCHENZUG: Eine Kombination von festen und losen Rollen mit einem Seil; dient zum Heben schwerer Lasten.

FLIEHKRAFT oder ZENTRIFUGALKRAFT: Auf der Trägheit beruhende Kraft, die die Richtungsänderung eines sich bewegenden Körpers zu verhindern sucht. Bei einer Drehbewegung (Rotation) wirkt sie vom Zentrum der Rotation nach außen.

HEBEL: Stange oder Balken, der um einen Auflagepunkt drehbar gelagert ist. Er erzeugt bei kleinem Kraftaufwand und großem Hebelarm große Kräfte an einem ententsprechend kleinen Hebelarm.

HYDRAULIK: Verwendung von Apparaturen, welche eine bestimmte Eigenschaft der Luft nutzen; ein Druck, der auf eingeschlossene Flüssigkeiten ausgeübt wird, wird in gleicher Stärke auf jeden Quadratzentimeter der Wandung weitergegeben.

KEIL: Einfache Maschine; aus zwei schiefen Ebenen zusammengesetzt.

KINETISCHE ENERGIE: Energie der Bewegung.

KOMMUNIZIERENDE GEFÄSSE: Untereinander verbundene, mit Flüssigkeit gefüllte Gefäße; die Flüssigkeit wird in ihnen immer gleich hoch sein.

KRAFT: Angewandte Energie, die Arbeit leistet.

KRAFTARM: Der Teil des Hebels, der vom Drehpunkt bis zum Angriffspunkt der Kraft reicht.

KRAFTMASCHINE: Maschine, mit der eine Energieform in eine andere umgewandelt wird.

LAST: Der Widerstand, der bei der Arbeitsleistung einer Maschine überwunden werden muß.

LASTARM: Der Teil des Hebels, der vom Drehpunkt bis zum Angriffspunkt der Last reicht.

MASCHINE: Vorrichtung, durch die Kräfte übertragen werden, mit denen technisch nützliche Arbeit geleistet wird, oder die dazu dient, Energie von einer Art in die andere umzuwandeln.

POTENTIELLE ENERGIE: Energie der Lage; die Energie, die ein Gegenstand in Ruhe besitzt, z. B. ein Felsblock, bevor er zu Tal stürzt.

RAD MIT ACHSE: Eine der sechs einfachen Maschinen.

REIBUNG: Hemmung, die entsteht, wenn ein Körper sich in enger Berührung an, in oder auf einem anderen fortbewegt.

ROLLE: Einfache Maschine, die aus einem Rad mit Schnurrille und einer Achse mit einer Gabel besteht. Die feste Rolle ist mit dem Bügel an einem Festpunkt aufgehängt. Die lose Rolle liegt beweglich auf dem Seil.

SCHIEFE EBENE: Einfache Maschine, bestehend aus einer schräg liegenden Fläche, über die Lasten gezogen oder geschoben werden oder über die man Lasten zur Verminderung der Fallgeschwindigkeit heruntergleiten läßt.

SCHRAUBE: Einfache Maschine, die als eine um einen Stab gewickelte schiefe Ebene betrachtet werden kann.

TRÄGHEIT: Widerstand, den ein ruhender Körper ausübt, wenn er bewegt werden soll, und den ein bewegter Gegenstand ausübt, wenn seine Geschwindigkeit gebremst oder die Richtung seiner Bewegung geändert wird.

WASSERVERÄNDERUNG: Jeder Körper wird im Wasser um so viel leichter, wie das Wasser wiegt, das er verdrängt.

WIRKUNGSGRAD: Verhältnis zwischen geleisteter Arbeit einer Maschine und der zugeführten Energiemenge.

ZUSAMMENGESETZTE MASCHINE: Jede Maschine, die aus „einfachen Maschinen“ und anderen Teilen zusammengesetzt ist und Arbeit leistet.

WAS IST WAS BAND 49 Leichtathletik
Tessloff
WAS IST WAS BAND 50 Unser Körper Von der Zelle bis zum Menschen
WAS IST WAS BAND 51 Muscheln und Schnecken
WAS IST WAS BAND 52 Briefmarken
WAS IST WAS BAND 53 Das Aut
WAS IST WAS BAND 59 Katzen
WAS IST WAS BAND 60 Die Kreuzzüge
Tessloff
WAS IST WAS BAND 61 Pyramiden
WAS IST WAS BAND 62 Die Germanen
WAS IST WAS BAND 63 Foto und Fil
WAS IST WAS BAND 69 Fossilien Zeugen der Urwelt
WAS IST WAS BAND 70 Das Alte Ägypten
WAS IST WAS BAND 71 Seeräuber
WAS IST WAS BAND 72 Heimtiere
Von Heinz Sielmann
WAS IST WAS BAND 73 Spinne
Von Heinz Sielmann
WAS IST WAS BAND 79 Moderne Physik
WAS IST WAS BAND 80 Tiere wie sie sehen, hören und fühlen
WAS IST WAS BAND 81 Die Sieben Weltwunder
WAS IST WAS BAND 82 Gladiatoren
WAS IST WAS BAND 83 Höhle
WAS IST WAS BAND 89 Menschenaffen
Tessloff
WAS IST WAS BAND 90 Der Regenwald
Tessloff
WAS IST WAS BAND 91 Brücken
WAS IST WAS BAND 92 Papageien und Sittiche
WAS IST WAS BAND 93 Olympi
Vom Altertum bis zur Ne
Tessloff